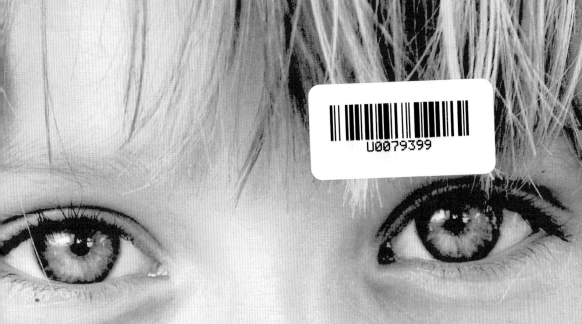

THE THINGS GIRLS FEEL SHY TO ASK

女孩不好意思
問的事

# THE THINGS
# GIRLS FEEL SHY
# TO ASK

## ·前 言·

每個處於青春期的女孩，都是這世上獨一無二的玫瑰，是值得被人捧在手心裡用心呵護的。

沒有人生下來就是完美的，每個人都是透過不斷學習來自我完善，並不斷成長。然而，成長總是充滿著困惑的，處於青春期的孩子們尤其如此。

處於青春期的女孩，常常會覺得自己的身體在不知不覺中，產生了許多奇怪的變化。

她們驚訝地發現自己竟在突然之間變高了很多；還有胸前那原本和男孩子一模一樣的「小豆豆」，也不知道在什麼時候，變成了羞人的「小饅頭」；而每個月都會來一次的「大姨媽」更是像夢魘一樣，弄得她們不知所措，尤其是第一次在褲子上見到血跡的時候，有很多女孩會覺得自己是得了什麼可怕的絕症，而暗暗傷心害怕。

而如果妳以為進入青春期之後，只有身體上會發生一些奇怪的變化，那可就大錯特錯了。其實，這個時候的女孩們，在心理上也產生了相應的變化，她們思考的問題會越來越多，伴隨而來的，還有許多無以言表的苦惱。

我好像喜歡上他了，這就是早戀嗎？

同學說我和我的好朋友是同性戀，怎麼辦？

那個長得像氣球一樣的東西，就是「保險套」嗎？

我和他偷嘗了禁果，以後要如何見人？

「大姨媽」好久沒來了，我是不是懷孕了？

……

　　這些問題是不是也在一直困擾著妳，讓妳不知道該怎麼辦，又不知道能和誰說出心裡的苦惱？想要去問父母，可是又會害羞，怕被罵，最後只好一個人獨自糾結。妳甚至會害怕，擔心自己是不是變成了壞孩子，為什麼會產生「性幻想」，為什麼會成為班級「小團體」裡的一員，妳不知道自己究竟該怎樣做才是正確的。

　　而本書會給妳解答一切困惑。它從女孩的身體發育，男孩的身體發育，女孩心中產生的朦朧情愫，性問題，青春期的煩惱事，以及學會保護自己、抵制誘惑等幾方面幫助妳更好地瞭解自己，並提供了正確解決問題的辦法和建議。

　　我相信，當妳將這本書看完之後，一定會知道那些困惑妳已久的問題的答案。到那時，妳就會發現，其實在面對這些情況的時候，妳根本不用害怕，因為妳身邊的每個女同學都和妳一樣經歷著青春期。

　　她們身上也同樣會出現妳身上的變化，即使妳現在還沒有感覺到身邊的朋友正發生著這些變化，也不必擔心，因為每個人青春期到來的時間都不一樣，有些較早，有些則較晚。

　　而當妳瞭解了這些身體和心理上的變化，都不過是青春期中最常見的現象之後，再回過頭去看曾經獨自傷心、難過、擔心的自己，就會覺得有些好笑，自己竟會被這些問題煩擾。

　　所以，女孩們，放輕鬆吧！解開自己所有的困惑，用最好的狀態去享受這花樣的年華、花樣的青春！

# 目錄

CHAPTER
1

## 妳的身體正在發育

**CONTENTS**

# 他讓妳充滿好奇

THE THINGS
GIRLS FEEL SHY
TO ASK

# 目錄

# 朦朧的情愫

女孩不好意思
問的事

**CONTENTS**

# 「性」並不神祕

THE THINGS
GIRLS FEEL SHY
TO ASK

# 目錄

CHAPTER

**5**

# 青春期的煩惱事

女孩不好意思
問的事

CONTENTS

CHAPTER
6

# 學會保護自己的身體

THE THINGS
GIRLS FEEL SHY
TO ASK

# 目錄

CHAPTER

**7**

## 學會抗拒誘惑

女孩不好意思
問的事

# CHAPTER 1

## 妳的身體正在發育

怎麼辦，最近我感覺身體出現了好多奇怪的變化，原本很喜歡的一件衣服，如今怎麼也穿不進去了，我不只突然長高了好多，就連屁股好像也變大了，體重還直線上升。站在體重器上的時候，我自己都被嚇了一大跳。然而，相對於這些變化來說，最讓我害羞的是，原本平坦的胸部，竟然會莫名其妙長出了「小饅頭」！

到底是怎麼回事啊？為什麼我的身體會發生這麼多的變化？為什麼我的腋窩下會長出好多噁心的毛毛？為什麼我會尿血，小腹還好痛，我是不是得了什麼絕症就快死了呢？

親愛的小女孩，妳是不是也遇到了上面的這些問題，心裡也有這樣的疑惑呢？其實，當妳遇到這些情況的時候，不用害怕，也不用害羞，因為這些不過是正常的生理變化而已。這只是說明，妳的身體正在發育，妳正在成長，妳已經進入了人生最美妙的一段時光——青春期！

# 到了青春期就是要進入成年嗎？

## ？【我的困惑】

常會聽到身邊的朋友說：「我到青春期了，就要進入成年了。」那麼，什麼是青春期呢？為什麼到了青春期就是要進入成年了呢？

## ➡【敞開心扉】

他說得對，青春期是人從兒童邁向成年的過渡時期，如果妳正處在青春期，那妳確實離成年不遠了。不過，他所說的成年，指的只是生理上往成年轉變，離真正的成年還是有些距離的。青春期的妳們在心理方面，還表現出很多不成熟的地方。雖已經有了一定的獨立性，但還沒有完全獨立，在許多方面，仍需要依賴父母，妳們在法律上沒有成為完全刑事責任能力

人，並不能對自己所有的行為都負責任，這和成年人有很大的差別。

那麼，青春期到底應該是什麼樣的呢？

其實，青春期的樣子都表現在你們男孩、女孩的身體上。說簡單點就是，青春期是真正進入了「男女有別」的時期。在這個時間段裡，男孩和女孩不論是身體還是心理，都開始趨向不同。在這個時期，女孩胸前的「小豆豆」開始發脹變大了，也開始來「大姨媽」；男孩則開始長鬍子，生殖器官開始發育。

不論是男孩還是女孩，到了這個時期，都開始具備了生育的能力。過了青春期，有了生育能力的妳，在生理上就不再是小孩子了，而是像媽媽一樣的成年人了。

「小豆豆」妳很清楚，可是「大姨媽」是什麼呢？

這裡的「大姨媽」可不是家裡的親戚啊，我所說的「大姨媽」是女孩的好朋友，跟我們的關係可非同一般呢，先別急，後面再跟妳好好介紹它。

那麼，青春期是從什麼時候開始的呢？這個問題還真的沒有明確答案。一般來說，女孩的青春期比男孩早兩年左右，從 10—12 歲開始，男孩則從 12—14 歲開始。

不過，因為人和人發育的早晚快慢不同，青春期的具體時間確定不了，人們通常把 10—20 歲這段時間稱為青春期，但是男生的發育要比女生晚兩年左右，這是可以確定的。

所以，當妳發現班級裡的女孩一般都比男孩高，還因此竊喜的時候，妳該知道這個可是暫時的啊，因為男孩比女孩發育得晚，等到男孩開始發育的時候，他們就像雨後的竹筍一樣，一夜間就變成大個子了，那才讓人驚訝呢。

　　那時候妳就會發現，曾經坐在第一排的小個子男生突然被調到了倒數的幾排，他的個子也迅速地超過了妳，這就是青春期的神奇之處啦，在真正長大之後誰高誰矮還真的不一定呢！

　　青春期是個夢一樣的時期。有位兒童專家曾稱青春期是孩子換殼期，就像大龍蝦換殼一樣，你們把自己原來的樣子換掉，一直到有全新的樣式，其間身體發育伴隨著靈魂上的成熟，會平添很多歡樂，也有很多煩惱，而這，正是成人之初的珍貴體驗。

　　青春期的你們，智力發展特別迅速，你們彷彿一下子就成了大人，不僅是觀察能力，就連思維能力、想像力、創造力也都有了很大的飛躍。你們開始嘗試自己解決遇到的種種問題，也開始嘗試用各種方法去解決問題，這一點是非常好的。

　　成年之後，我們智力的發展基本就停止了，智慧的火花好像遠離了我們。由此可見，青少年時期思維方式的養成和思維能力的培養是極其重要的，青春期在人一生的智力發育中占有很重要的位置。

　　所以，這麼重要的時期你們千萬不要錯過啊，好好地把握這個時期，讓自己潛在的實力發揮出來吧。

## 小小提醒

　　青春期不只是進入「男女有別」的時期，也是開始對異性產生好感的時期。

　　進入青春期後，女孩不僅要面對自己身體的變化，還要面對許多情感上的困擾。例如會情不自禁地接近異性，但接觸異性時又常感到不知所措。這些都是青春期正常的生理和心理現象，千萬別緊張、恐慌，有心事就跟父母和老師說說，在成年人的正確引導下，青春期的所有問題都不是問題。

# 胸前的「小豆豆」怎麼變成了「小饅頭」？

**? 【我的困惑】**

最近我胸前的「小豆豆」好像變大了，周圍出現了小鼓包，感覺「小豆豆」好像變成了一個「小饅頭」，這是怎麼回事啊？

**➡ 【敞開心扉】**

小丫頭，姐姐要恭喜妳，這是妳的乳房開始發育了，妳就要變成大女孩了。

妳所說的胸前那個「小豆豆」，學名叫作乳房，妳一定跟媽媽一起洗

過澡吧？那妳一定注意到了媽媽胸前隆起的部位，那就是乳房。我們在前面解釋青春期的特徵時，曾提到過乳房發育。在進入青春期後，女孩最先發育的部位就是它。

乳房分為兩個部分，外部位和內部位，主要由乳腺和一些肌肉組織組成。大部分女孩乳房是從 10 歲開始發育的，不過也有特例，有些女孩 8 歲左右乳房就開始發育了。

妳一定好奇乳房是怎麼從「小豆豆」變成像媽媽的那麼大的吧？現在就來說說妳的「小豆豆」成長史，但妳要做好心理準備啊，因為這個成長史是比較漫長的。

先說說妳的「小豆豆」，就是妳胸前突起的那兩個小豆豆，它們叫乳頭。乳頭周圍是不是有一圈顏色發暗的皮膚呢？那個叫乳暈。在還沒有一點發育徵兆時，男孩女孩的胸部都是一樣的，只有小乳頭和乳暈，也都是平平的樣子。但是現在，妳的「小豆豆」周圍卻出現了小鼓包，變成了「小饅頭」的形狀，雖然「小饅頭」還很小，但是卻已經能看出改變了。這是到乳蕾期了，意思是說妳的「小豆豆」現在可以改名叫「小蓓蕾」了。趕緊拍著小胸部驕傲吧，從現在起，妳跟男孩子不再一樣了，妳要告別小平胸嘍！

這個小鼓包出現不久，妳的乳頭也會開始變大，乳暈逐漸擴展，乳頭和乳暈的顏色也慢慢加深……這個過程大約會持續到妳 14、15 歲，等到那時，妳的乳房發育得就比較明顯了，「小豆豆」變成更大一些的「小饅頭」；等到 16、17 歲時，妳的乳房趨向豐滿，乳暈輕微下陷，乳頭會尤為突出；等妳到了 18—20 歲的時候，蓓蕾綻放，妳的雙乳就會跟媽媽的一樣大而漂亮了。

整體來說，我們的乳房發育大致要經歷五個階段。

第一階段是從 1 歲至 9 歲，這時候的我們還沒有進入青春期，所以乳房還沒有開始發育，還和男孩一樣是小平胸。

第二階段是從 10 歲至 11 歲，這時候我們的乳房已經開始發育，乳頭下的乳房胚芽開始生長，乳房微微隆起，呈圓丘形狀。

第三階段是從 12 歲至 13 歲，這時候的乳房開始慢慢變圓，漸漸向著成人乳房的樣子變化，只是這時候的乳房還比較小，沒有發育完全。

第四階段是從 14 歲至 15 歲，這時候我們的乳房開始迅速增大，乳頭和乳暈也開始向前突出，像一個小球一樣。如果這時候妳的乳房的變化很小，甚至和第三階段沒有太大差別，那妳就要從自身找找原因了。

第五階段就是青春期的發育後期了，是 16 歲至 18 歲這個階段，這時候我們的乳房就和媽媽的一樣了，乳頭和乳暈形成的小球與乳房融為一體，這時候的乳房就是美美的、豐滿的胸部了。

乳房發育的時間是不是有些長呢？不過也正是因為乳房的發育時間長，它才能長成媽媽那樣的美麗樣子喲。小丫頭別心急，也不要看別人的乳房比自己大就開始懷疑東懷疑西，妳們都會變成大美女的，不同的就只是在發育時間。

## 小小提醒

　　並不是每個女孩在發育成熟後乳房都是勻稱、豐滿的。有的女孩乳房很小，有的女孩乳房很大……造成女孩乳房發育不同的原因有很多，像遺傳，營養是否充足等等。所以千萬不要因為自己的乳房偏小，就非常羨慕別人喲。

　　在青春期乳房發育時，女孩一定要注意飲食，保證營養均衡，同時還要學會好好呵護自己的乳房。只有乳房發育好了，未來才會擁有更加完美的身材！

# 胸部好疼，我是不是病了？

## ? 【我的困惑】

我胸前的「小豆豆」不知道從什麼時候開始，當被觸碰到的時候，就會感覺疼痛。

我是不是得病了啊？為什麼會這麼疼呢？

## ➡ 【敞開心扉】

還記得嗎？妳胸前的「小豆豆」學名叫乳房，要說乳房為什麼會疼，還是需要些時間的，妳一定要耐心地看完呀。

妳的身體內部會有一種叫作雌激素的物質產生，這種物質作用到乳房，會刺激乳腺的發育和脂肪沉積，在這個過程中，妳的乳房會變得很敏感，

也會產生脹痛，讓妳感覺不舒服，在受到外界觸碰的時候疼痛還會更加明顯。

所以乳房在發育期伴有疼痛現象，是發育過程中的正常生理現象，千萬不要認為自己得病了而大驚小怪，也不要因為乳房疼痛就用手去揉，這樣只會加重疼痛的症狀。

大多數女孩在乳房發育的乳蕾期都會有這種感受，要知道，這種感受是不會伴妳一生，它只是暫時的，等到妳的乳房發育成熟後，疼痛就會自然消失了。不過，妳也要在日常生活中格外注意，儘量避免觸碰自己的胸部，如果不小心碰到了，不僅會加劇疼痛，還有可能會對乳房造成傷害。

話雖如此，但妳也不用擔心，一般的小觸碰是沒有關係的，只要在日常生活中多加注意就可以了，如果保護過度了，還會讓別人覺得妳很奇怪，妳一定也不想讓別人把注意力放在妳正在發育的乳房上吧？所以，只要妳能夠保持一個良好的心態，就可以了！

從乳房發育開始，已經進入青春期的妳，還會發現好多好多以前沒遇到過的情況，不過也沒有什麼好擔心的，因為這些都只是正常現象。妳身上發生的每一點變化，都使妳朝亭亭玉立的美女發展。

千萬不要再認為自己的乳房有疼痛的感覺就是生病啦，有輕微的疼痛是正常現象，有疼痛表示妳的乳房發育得很健康，所以絲毫不用擔心。等妳到 18 ～ 20 歲的時候再回過頭來看看，一定會覺得自己現在的想法有些幼稚。

雖然有疼痛感是正常現象，但在日常生活中妳還是要注意個人的衛生情況，更重要的是，千萬不要因為乳房的發育而害羞，甚至穿緊身的內衣來掩蓋乳房，這樣做是非常不正確的，不僅會加劇疼痛，還會導致乳房的

發育不正常。

　　妳們應該建立正確的心態，挑選適合自己的內衣，內衣挑選方面的問題，向媽媽諮詢是不錯的選擇，有經驗的媽媽一定會很樂意幫妳挑選一件款式和質地都適合妳的內衣，所以千萬不要覺得不好意思。

## 小小提醒

　　千萬不要因為乳房的隆起就覺得不好意思，也不要低頭含胸地走路，這樣不僅會影響妳的發育，還會使妳養成駝背的壞習慣。遇到問題記得要多多諮詢家長和老師，他們一定會給妳滿意的答覆。挺起妳的小胸部，做個自信的小女生吧！

　　另外，要特別注意青春期的乳房衛生情況，經常清洗是必須要做的。千萬要記得，有問題的時候要多多諮詢媽媽，她可是最有經驗的導師呢。

# 乳房裡怎麼會有腫塊？

**❓【我的困惑】**

前兩天我發現自己的乳房裡出現了腫塊，還隱隱作痛，這是怎麼回事？我是不是得病了啊？

**【敞開心扉】**

正處在青春期的妳可不要整天疑神疑鬼、憂心忡忡的呀，丫頭，妳要知道正處在青春期的妳們，身體還沒有完全發育成熟，在這種時候，妳體內的激素不穩定，出現乳房腫塊也是算正常的。

隨著妳的身體發育逐漸成熟，腫塊就會逐漸消失了。就像乳房脹痛的情況也會隨著時間的推移慢慢地消失一樣，等到妳發育成熟的時候腫塊自

然也就會不見了。

很多的小女生都會為這件事情糾結一陣子，現在妳雖然已經知道了這種情況，但是卻還會心裡不安，是不是？那究竟應該怎麼做才能消除這種不安呢？

小丫頭，首先不要有思想壓力，妳需要知道這是一種經常發生的生理現象，平時有空熱敷一下也能夠緩解這種狀況。還要注意休息，也要進行適當的鍛鍊。這麼做不僅能夠緩解症狀，還能對乳房的發育產生積極的影響。

其次就是不要束胸，很多女孩到了青春期覺得乳房發育是件讓人很不好意思的事情，就開始束胸，想要掩蓋乳房的發育情況，但這樣做是很不明智的。

在日常生活中也應該儘量避免碰撞乳房及乳頭，以免加重腫脹的情況。乳房的發育才不是什麼不好意思的事情，這可是咱們女孩專屬的特徵呢，千萬不要害羞，要做個自信的小女生喲。

最後就是飲食，在飲食上也要格外注意，少吃高糖和高脂肪的食物，多吃些蔬菜、水果，一定要記得少吃海鮮和肉。丫頭，妳現在是不是有種什麼都不能吃的感覺？為了乳房早日發育正常，堅持忌口一段時間也是值得的。

乳房剛開始發育的時候儘量不要戴胸罩，雖然會有小小的突起讓妳覺得不好意思，但這只是暫時的，很多的女孩都會有這種情況。等到了青春期後期，妳就可以選擇一款自己喜歡的胸罩啦。只是一定要記得，胸罩的鬆緊度要適當，太鬆或太緊都是不可以的。

如果乳房出現了脹痛或癢癢的感覺，也不要用手去搔抓或者捏擠，在

平常或者進行體育運動的時候，也要格外注意保護乳房，避免發生意外，使乳房被撞擊或者擠壓。

選擇胸罩的時候要儘量選擇純棉的，材質好，穿著也舒服，還有很棒的透氣性。

如果上述的幾點妳都做到了，可是乳房裡的腫塊還是沒有絲毫的變化，那妳就要提高警惕了，請爸爸媽媽帶著妳到附近的醫院做個檢查吧，檢查一下不會花費很多的時間，有了結果也能讓妳安心不少，如果真的是不好的消息也能及時知道，及時採取措施。

愛護乳房，就從現在做起吧！

### 小小提醒

關於乳房的問題還真是不少，那麼怎樣才能讓乳房發育得健康豐滿呢？

首先要注意姿勢，走路要昂首挺胸，坐姿也要端正，千萬不要含胸駝背；其次要特別注意避免外傷，撞擊或者過度擠壓都是百害而無一利的；第三點是要加強胸部肌肉的鍛鍊，適當地做些擴胸運動，既不浪費時間也不辛苦，還能讓乳房發育得更加健康豐。

最後要注意青春期的營養均衡，千萬不要為了追求身材的苗條就盲目地選擇節食減肥，這樣會阻礙身體對營養物質的吸收，胸部能獲得的脂肪量減少了，還怎麼能豐滿起來呢？

# 左右兩胸為什麼不一樣大？

？【我的困惑】

前一陣子我突然發現我的兩個乳房不一樣大，雖然不是很明顯，但我還是很害怕，為什麼會不一樣大啊？我是不是發育不正常？

➡【敞開心扉】

一般來說，乳房在發育的過程中是會出現一大一小的情況。悄悄告訴妳，姐姐當時也跟妳一樣，因為很關注自己的身體變化，只要發現一丁點問題就開始胡思亂想，不過，這是完全沒有必要的。因為青春期少女的乳房出現不一樣大的現象是很普遍的。

妳一定想知道是什麼原因導致的吧？

　　首先這種現象與兩側乳房的血管、神經的分布不均勻有一定的關係，仔細想想，是不是心臟附近的血管比較多，神經系統也比較發達？所以有時會出現左胸比右胸大一些的情況。

　　還有可能是由左右肢體活動不對稱造成的，妳是習慣用右手還是左手呢？妳的習慣決定了妳哪邊的活動量比較大，而活動量大的一邊便能夠得到更好的鍛鍊，所以出現乳房發育不均衡的現象，也是有可能的。

　　其實，除了以上兩點外，還有許多日常不易察覺的習慣會影響著妳的乳房發育，比如睡覺的姿勢，走路的姿勢，還有提東西的習慣等等，都會對妳的乳房發育產生一定的影響，甚至是因為沒有及時穿戴適合自己的胸罩，乳房就產生了發育不均衡的現象。

　　而且，如果妳是在媽媽的肚子裡就出現了乳房發育異常，那在青春期的發育中必然會有兩側乳房不對稱的情況出現，一般發育不良的一側會明顯小於發育正常的一側，這種情況是不會對生活和生育帶來問題的，在將來也不會影響寶寶的奶水。

　　小丫頭，瞭解了這些內容之後，妳心中的大石頭是不是終於落地了呢？其實乳房在發育的時候出現一大一小的情況是很正常的，有時還會出現一側乳頭挺出，而另一側的乳頭卻內陷的情況，這些情況如果沒有給妳帶來不適的感覺，且又是一直存在的，並不是某一天突然出現的，那妳就不用擔心。只要不是太過明顯就都是沒問題的啦，等到妳過了青春期就會發現其實兩側乳房基本上還是一樣大的。

　　如果兩側乳房不均太過明顯，已經影響了美觀的話，也可以到醫院進行手術，等到手術之後就與普通人沒有區別了。

　　很多人都會在青春期產生乳房發育不均衡的現象，但是隨著發育的進

行和年齡的增長，兩側乳房的差異會逐漸減小到連妳自己都無法發覺，也不會對妳的身體與日常生活有任何影響。所以不要鬱悶，這根本不是病。

如果妳兩側的乳房之前大致均等，但是近期突然出現了大小不一的情況，比如有一側的乳房突然增大，或者是一側乳房皮膚的顏色有改變，又或者是一側乳頭出現了與之前很不一樣的回縮症狀，並且這些情況還伴隨著疼痛和發癢，就需要重視了。應該及時去看醫生，千萬不要自己覺得沒什麼就錯過了最好的治療時間。不要拖著不看，其實檢查一下也不會花費多久的時間，畢竟健康才是最重要的，提前預防有可能的病變，才能使自己遠離疾病。

## 小小提醒

處在青春期的妳們一定已經發現了自己身體和心理上的種種變化，面對這些問題，先不要急著自己下結論，以免造成恐慌和心理負擔。

有句話說得很對，「想像力最豐富的就是我們自己的心」。所以在遇到什麼情況時，一定要及時與父母溝通，看一些相關的資料、書籍也是不錯的解決途徑，千萬不要杞人憂天，草木皆兵。

青春期的妳們身體和心理都處於一個不穩定的狀態，一定要保持良好的心態，積極地接受這些變化，不要讓這些問題成為妳們的困擾，影響正常的學習和生活。

# 沒有乳房行不行？

**❓【我的困惑】**

乳房的發育要我注意這個，注意那個，而且在發育的這段時間裡，乳房還不時會有疼痛感，乳房到底有什麼作用啊？沒有乳房行不行？

**➡【敞開心扉】**

小丫頭，乳房開始發育，證明妳已經進入了寶貴的青春期。這個階段是人體迅速生長發育的關鍵時期，妳是不是已經注意到了自己身體內外巨大而奇妙的變化呢？

從外觀來看，變化得最明顯的大概就是乳房了。妳從「小平胸」變成了有曲線的小美女，過程看似平凡，但是實際上在這期間，妳要接受許許

多多的變化，前面提到的乳房脹痛和有腫塊就是其中很常見的兩種病症。那乳房要經歷這麼長的時間才能發育成熟，它到底有什麼用呢？

小女孩，妳一定不記得妳小時候窩在媽媽懷裡吃奶的樣子了吧？奶水從哪裡來呢？當然是乳房啦。媽媽懷孕以後身體就會產生一種叫作泌乳激素的物質，在這種激素的刺激下，乳房就會分泌出養育妳長大的乳汁。妳在媽媽的懷裡，依靠媽媽的乳汁漸漸長大，從小嬰兒變成蹣跚學步的孩童，這個過程是不是很神奇？

乳房的第二大作用就是美觀，想要變成有玲瓏曲線的小美女，乳房有著很重要的作用呢。都說完美的曲線是 S 型，如果失去了乳房，那 S 就會失去一個很重要的突出部位。豐滿的乳房不僅象徵著妳的健康發育，而且還能讓妳看起來更漂亮、更有魅力。

既然知道了乳房的作用，那是不是要好好愛護它啊？在日常生活中要注意多多補充一些蛋白質、維生素，還要多吃一些微量元素含量較高的食物，儘量不挑食、不偏食，切記不要為了苗條的身材而去刻意減肥，刻意減肥不僅對身體健康不好，對乳房的發育也是有害的。因為如果沒有足夠的脂肪，乳房也是不會豐滿起來的。

但是乳房的發育也是因人而異的，所以不要太過介意乳房太大或太小，一般乳房的大小都是差不多的。在睡覺時儘量不要穿胸罩，也儘量不要趴著睡和仰著睡，側身睡覺是不錯的選擇，還能在一定程度上緩解乳房大小不一的狀況。

## 小小提醒

　　進入青春期，女性的乳房開始發育，經過乳頭突出、乳暈變大、乳房形成小球，一直到乳暈及乳頭隆起，乳房逐漸變成球狀，再到最後乳房發育成熟定型，這段時間看起來有些漫長，其間還會出現很多讓人擔心的小狀況。

　　不過只要注意營養均衡，堅持適當鍛鍊，再加上妳的格外呵護，妳的乳房就一定可以健康發育。小女孩，妳正漸漸長大，漸漸地變成小美女，一定要保持良好的心態。要相信，到最後妳一定可以變成自己心目中的樣子。

# 臉蛋被可惡的痘痘毀了！

**？【我的困惑】**

最近我臉上突然長了不少痘痘，難看死了，感覺自己原本光滑美麗的臉蛋，都快被這些可惡的痘痘毀了！這些可惡的痘痘就是他們說的青春痘嗎？

**【敞開心扉】**

青春期真是美好又奇妙，我們不僅能享受成長，感受由稚嫩到成熟的蛻變，也要接受它帶給我們的種種考驗。

小丫頭，妳一定是長青春痘了。

這種痘痘因為一般產生在青春期，所以才得名青春痘，當然，它一直

困擾著許多人，我也曾經就被它困擾過好久。可是，為什麼青春期容易長痘痘？長了痘痘我們又能做些什麼呢？

青春痘一般是因多餘的皮脂堵住了毛孔而產生的，毛孔堵塞以後，毛囊裡面的皮脂就排不出來，日積月累就會形成令妳煩惱的青春痘。不過並不是每個處於青春期的女孩都會有青春痘，也許妳已經注意到了，有些女孩不會長青春痘，而且皮膚一直那麼光滑細嫩，這是為什麼呢？我想一定是她們平時注意了以下幾點，如果妳想緩解長痘痘的情況，那就仔細照著下面的方法做吧！

早睡早起身體好，儘量避免熬夜和睡懶覺，它們都是青春痘的好朋友。熬夜每每導致睡不好，於是青春痘就會被召喚出來了。

洗臉的時候要用溫水，還要仔細把臉洗乾淨，不給青春痘任何可乘之機。不過妳需要注意，雖然洗臉是保持臉部清潔的好方法，但也不能洗臉過度。洗臉次數太多會導致皮膚的抗菌能力下降，所以只要適當注意就好了。準備一款適合妳的洗面乳，純植物的就不錯。

常常與臉部接觸的東西，比如床單、被子、毛巾、枕頭等等，一定要注意保持清潔衛生，並且要常常拿到太陽底下曬一曬，太陽照射不僅能使被子比平時更加暖和，還能殺死被子上大部分的細菌，所以一定要做個愛乾淨的好孩子。勤曬被子，就能把陽光放進被窩裡，晚上睡覺時還有好聞的陽光味道呢。

如果妳經常喜歡用手摸臉，還喜歡摳臉上的小痘痘，那妳可要注意了，手指上的髒東西會促進青春痘的滋生，而在妳摳掉痘痘的地方，還會留下很難消除的痘印，是不是很恐怖？如果不想難看的痘印一直留在妳的臉上的話，最好還是把摸臉、摳痘痘的壞習慣改掉吧。

　　還要注意養成每天運動的好習慣，運動可以促進新陳代謝，對肢體健康和皮膚健康都有好處。不過最重要的是持之以恆，只有堅持下去，才能讓妳的皮膚得到改善，想要青春痘消失得徹底一點，適度的體育鍛鍊必不可少。

　　最後是飲食方面的，常吃蔬菜，不吃刺激性的食物對消滅青春痘有益無害。胡蘿蔔與菠菜都有增強身體對細菌抵抗力的作用，而青椒和花椰菜也有很明顯的抗菌效果，小女孩可不要挑食、偏食啊。

### 小小提醒

　　養成良好的生活習慣對於青春期的妳們來說是至關重要的，一個好的生活習慣不僅能避免疾病發生，抑制青春痘滋生，更能讓妳充滿朝氣。

　　好的習慣可以伴隨妳一生，也會讓妳受益無窮。所以，我可愛的小女孩，快快把壞習慣改掉吧，就從現在開始，做一個自信而又美麗的女孩。

# 我的屁股怎麼變大了？

❓ 【我的困惑】

前兩天拿出去年的褲子，結果發現我穿不下了，屁股不知道為什麼變大了，還能不能變回去啊？屁股大很難看的！

➡ 【敞開心扉】

屁股變大可是個困擾很多妳這個年齡層小女生的問題，妳突然發現，去年最喜歡的那條裙子穿上時變緊了，以前的褲子也不能穿了，但奇怪的是自己身體其餘的部位卻並沒有發胖，偏偏屁股變大了，這是為什麼呢？

要解決這個問題，就要從青春期的第二性徵開始解釋了。

青春期的妳們會出現第二性徵。對女孩而言，第二性徵包括說話的音

調會不自覺地變高，乳房也逐漸豐滿起來，還會出現很多之前沒有的毛髮，而妳的骨盆也會生長發育，這就是為什麼妳會突然發現自己雖然沒有變胖，但是屁股卻變大了的原因。

屁股和大腿上一般都會有脂肪堆積，所以不僅僅是妳的屁股會變大，處於妳這個年齡的女孩們都會有這種情況發生，因此不要太過擔心，也不要因為屁股變大了就開始鬱悶糾結，還想要用各種方法減肥。姐姐這裡有一些方法可以緩解這種狀況喲，快點來學學吧？

首先，要確定妳是不是一個大骨架的女生，如果妳恰好是一個大骨架的女生，那就要注意不要長期坐著，也不要在跑完步或是做完激烈體育運動之後久坐不起。

很多女孩在進行完體能鍛鍊後都會坐在跑道邊上休息，這樣做是很不明智的。長跑之後，應該先沿著跑道走一走，等到呼吸正常了再休息就不會使脂肪堆積在屁股上。

千萬不要在劇烈運動之後就一屁股坐在地上，這樣做會使妳的屁股變得更大呢，是不是很可怕啊？

如果妳是一個小骨架的女孩，那就要注意在平時多做些體育鍛鍊，適當的鍛鍊不僅能幫妳保持良好的體型，還能讓妳更加健康和陽光。不要刻意減肥，這會影響妳的身體發育。

小骨架的女孩肉肉多了也不會很明顯，倒是這些肉肉會讓妳看起來更加可愛，所以，如果妳是個小骨架的女孩，那就多多鍛鍊吧，這會讓妳看起來更加光彩照人呢。

我們都說擁有玲瓏曲線的女生最美，擁有玲瓏曲線除了乳房有著關鍵作用以外，一個圓潤而翹翹的臀部也是必不可少的。擁有豐滿的乳房和恰

到好處的臀部才是最美最健康的。

　　丫頭，妳一定看過旗袍吧？是不是很漂亮？但是屁股小的人穿旗袍可不漂亮，所以想要擁有玲瓏曲線，圓潤且翹翹的臀部也是必不可少的喲。

　　我親愛的小丫頭，不要繼續煩惱下去了，屁股變大是正常的現象。

### 小小提醒

　　隨著妳認識的不斷加深，是不是青春期也變得不再神祕了？

　　在青春期，妳逐漸變得獨立起來，在精神上也開始逐漸脫離父母。在這期間，妳要學會和父母、老師溝通交流，也要學著控制好自己的情緒，遇到事情不要急著反抗、爭辯，靜下心來，也許妳會有意外的收穫。

　　保持一個良好的心態去面對身體以及心理的變化吧！做個陽光快樂的青春期少女，才是最要緊的事。

# 我是變老了嗎，怎麼長了白頭髮？

**？【我的困惑】**

我才是個初中生就長出了白頭髮，不是只有老人才會有白頭髮的嗎？我是不是變老了啊？還是未老先衰？

**【敞開心扉】**

小丫頭，不要發愁，雖然長白頭髮的人一般都是老人，但並不是只有老人才會有白頭髮啊，青少年也是會長白頭髮的，所以不要再為這個不開心了。

　　我們的頭髮為什麼是黑色的，這要從黑色素說起，人的頭髮基部有一種黑色素細胞，而黑色素細胞的功能強弱就決定了妳頭髮的顏色，一般35歲以後頭髮基部的黑色素細胞功能開始逐漸衰退，有些中年人從這時候起開始有了白頭髮，並且年紀越大白頭髮就越多，直到變成滿頭白髮。而青少年很少會出現白髮過多的情況，我們把過早出現白髮的現象稱作「少年白」。

　　青春期的小女生長白頭髮的原因有很多，比如，學習壓力過大，心理壓力過大，營養跟不上等等，這些都會造成內分泌失調，阻礙黑色素生成，進而導致白頭髮的出現。

　　既然找到了原因，那我們就開始對症下藥吧！

　　首先要保持良好的心態，放鬆心情去對待平時生活中的壓力，緊張或是焦慮的情緒都會導致白髮的增加，所以學著保持愉悅的心情是很重要的。

　　營養缺乏也可能導致妳過早出現白髮。比如蛋白質、維生素，還有微量元素的缺乏都會導致白頭髮的產生，青春期的少男少女對能量的需求要高於成年人，所以保持營養充足就顯得尤其重要。那該如何做呢？

　　首先，要保證魚、肉、蛋、奶和新鮮蔬菜、水果的供應，因為蛋白質對青春期的身體發育尤為重要，所以在平時的飲食中，就需要刻意增加豆類食品和動物性食品的攝入，而維生素A、B、C、D以及鈣、磷和微量元素的補充也需要格外注意。

　　其次要養成良好的飲食習慣，少吃零食，不要挑食，也不要為了保持身材而故意節食，更要儘量避免暴飲暴食，家長需要針對青春期孩子的挑食、偏食情況合理安排膳食。

　　還要養成每天吃早飯的習慣，營養充足的早餐，不僅對青春期的孩子

有著補充營養、促進身體正常發育的作用，還會影響孩子一整天的學習效率。

適當的體力勞動和體育鍛鍊也是很有必要的，運動可以全面地促進青春期少男少女的身體發育，改善心肺功能，還能消耗脂肪，釋放壓力。

出現「少年白」，還可能是因為遺傳。如果妳的爸爸媽媽有過「少年白」的經歷，那妳就很有可能也會出現這種情況，不過也不用緊張，因為這種遺傳情況很少發生。就算是「少年白」出現在了妳的身上也沒必要糾結，只要坦然面對就好，這沒什麼大不了的。

## 小小提醒

經常用手指按摩頭皮或是梳頭，可以增強頭部的血液循環，讓髮根獲得更多的營養，也可以減少白髮的出現。

選購洗髮、護髮用品時，也要多加注意，儘量選擇純天然適合自己的產品，洗頭時要注意將頭髮上的泡沫清洗乾淨，殘留下來的物質會有害於頭髮生長。

小女孩，仔細地記住這些並且認真地實行下去，不久之後，妳就會發現自己的頭髮不僅柔順了許多，「少年白」的煩惱也消失不見嘍。

# 腋毛醜死了，我想把它除掉！

**？【我的困惑】**

腋毛很難看，夏天穿背心一抬手臂就能看到，醜死了，腋毛到底有什麼用？能不能像電視上的明星一樣把它除掉呢？

**➡【敞開心扉】**

小丫頭，先別急著把腋毛除掉，因為腋毛除了會影響美觀之外，並沒有影響我們的正常生活，相反的，腋毛的存在對我們還有很大好處呢。

跟乳房一樣，腋毛也是女性的第二性徵之一，腋毛是因人體腎上腺分泌雄性激素而產生的，每個人都會有，大概在14—15歲時就會出現。妳是不是發現長了腋毛以後夏天腋窩裡總是汗涔涔的，很不舒服？有時候妳出

汗多了，腋窩還會發癢，但是因為周圍有人，又不好意思搔癢，就會格外覺得腋毛實在礙事。

在這裡就要提到腋毛一個很重要的作用：避免汗水流下來。妳是不是也發現了這一點呢？腋窩裡出的汗全都留在腋窩裡了，並沒有見過誰的汗從腋窩裡流下來。但腋窩出汗，如果不及時清洗，就會聞到難聞的氣味。所以，養成良好的個人衛生習慣是很重要的，這樣妳們才會成為新時代的小女生。

腋毛除了有以上作用外，還有防菌和緩解摩擦的作用。想想腋毛生長在哪裡呢？腋毛長在腋窩裡，因為腋毛長在我們的體表，所以它能夠很有效地阻止外來細菌和灰塵對腋窩的侵襲，自然也能夠很好地保護我們的皮膚。

當我們的手臂活動時，會產生摩擦力，時間久了，也會對腋窩造成影響，這時候就展現了腋毛的作用。腋毛可以很有效地減輕摩擦，保護腋窩的皮膚不受傷害。

所以，我們應該正視腋毛的存在，畢竟長腋毛是一種正常的生理現象，無論妳用什麼方法也不能阻止它生長。儘管如此，還是有很多像妳一樣的女孩，因為腋毛難看就想除掉它。如果妳實在想除掉的話，千萬不要自己拿剪刀剪或是用刮鬍刀刮，若是一個不小心傷到了腋窩的皮膚，很有可能會引發感染，對身體不利。

仔細權衡一下，為了美麗而冒著腋窩皮膚受傷害的風險是不是值得呢？如果還是拿不定主意就去諮詢一下爸爸媽媽吧，他們一定會給妳一個滿意的答覆。

不過我個人建議還是不要去除了，因為腋毛還是會繼續長出來的，而

且如果去除得不乾淨還會有刺刺的感覺。失去了腋毛的保護，不僅會因為摩擦而給腋窩皮膚帶來負擔，還會在夏天的時候影響散熱，多難受呀。

## 小小提醒

很多時候我們都會為了美麗而忽略了健康，殊不知健康的妳才是最美麗的。

電視上的明星們是因為要常常出現在公眾場合，為了美觀才選擇除掉腋毛。作為一個剛剛進入青春期的小女生，不必刻意追求美麗。保持樂觀的心態，每天堅持鍛鍊，再加上擁有良好的衛生習慣，那就已經是最美麗的妳自己啦。

# 私密處長了好多噁心的毛毛！

**？【我的困惑】**

洗澡的時候我發現自己下面私密處出現了好多毛毛，黑黑的，看起來好噁心啊！為什麼會長這些毛啊？怎麼做才能去掉它們呢？

**➡️【敞開心扉】**

想要解決這個問題，還是要從正確的認識下手，說到這裡，姐姐又要開始嘮叨啦。

小丫頭，那些妳覺得噁心的毛毛叫作陰毛，是一種生長在我們外生殖器官和大腿內側的毛髮。其實這些毛毛在妳兒童時期就存在了，只不過當時它們只是稀疏的絨毛，並不會引起妳的注意。

「陰毛」這個詞是指，因為雄性激素水準上升而導致較濃密，同時還會出現捲曲的毛髮。青春期的妳正在發育，當生殖器官逐漸發育成熟時，就會出現外生殖器官長出陰毛的現象。這是種正常的現象，每一個女孩到了這個階段都會出現，所以不用擔心。

有很多女孩因為覺得這些毛毛噁心，也會像妳一樣想要把它們去掉，但這樣的想法是不好的。因為陰毛並不是毫無用處，既然存在就一定有其存在的理由。

其實這些陰毛是為了保護我們的身體才長出來的，它能夠吸收外生殖器官分泌出來的汗和黏液，向周圍發散，有益身體健康。同時還具有保暖作用，能夠保持卵子的生存溫度，妳看，它們是不是很厲害呢？

還記得前面我們講到腋毛可以減輕摩擦嗎？陰毛也可以減輕摩擦，也由於女性外陰的汗腺很豐富，出汗很多，加上外陰的部位又比較隱蔽，很容易透氣不良，而陰毛恰好可以達到通風換氣的作用。

現在妳是不是恍然大悟了？如果去掉了陰毛，而我們的外陰又被層層衣褲包裹著，那一旦出汗了該有多難受呀，嚴重的還很有可能引起感染，到時候後悔就來不及了。

東方少女一般在 14 歲時陰毛開始生長得明顯，到了 17、18 歲，陰毛的狀況就基本定型了，在以後的日子裡基本上也不會再有所改變。當然了，陰毛的生長也會出現例外情況，比如有些人的陰毛稀疏或者甚至沒有陰毛，這是因為人體腎上腺所產生的雄性激素不夠，或是外陰毛囊對雄性激素的敏感度不高。所以，稀疏或是不長陰毛也不是一個好現象，小丫頭，妳長了好多毛毛剛好是妳身體健康的證明。如果沒有長出陰毛或者陰毛格外稀疏，妳才需要擔心呢。

　　不過，如果自己真的出現了陰毛稀疏或是不長陰毛的現象也不要過於擔心，只要其他的第二性徵，如乳房的發育，體型的變化、聲音的變化和月經來潮正常的話，陰毛單方面發育不健康也不會對正常的生活造成什麼影響，所以千萬不要根據片面的情況就太過武斷地判斷自己的身體狀況喲。

　　小丫頭，瞭解了這麼多的知識，現在的妳還有困惑嗎？是不是已經對陰毛有了新的認識呢？

### 小小提醒

　　很多時候人們會質疑一些看起來不美觀或是噁心的事物存在的意義，但不管怎麼說，既然存在就一定有其存在的理由。對於陰毛，千萬不要單方面自作聰明地想一些辦法來影響它們的生長和發育，也不要為了美觀而刻意改變天生固有的體徵。

　　我親愛的小女孩，青春期是一個充滿了未知與奇妙的階段，跟著我的步伐，讓我帶妳慢慢瞭解青春期的奧祕。青春期就是這樣的，既充滿了開心，又存在著煩惱，不過這些都是妳們要經歷的，這些是妳們寶貴的財富。

# 平躺時，我的下身怎麼隆起了？

? 【我的困惑】

進入青春期之後，我漸漸發現下身開始不像之前那麼平坦了，有些微微隆起，這難道也是正常的現象嗎？

→ 【敞開心扉】

丫頭，妳是不是在平躺的時候發現這種現象格外明顯？下身隆起並不是什麼新奇的事情，只要瞭解了我們女性骨骼的結構，妳就知道是怎麼回事了。

女性在平躺時下身顯得突出，不是什麼新奇的事情，妳只要瞭解女性骨骼的結構，就會發現，其實在女性外陰上有陰阜的部分，裡面是骨盆，

有些女性的骨盆比較粗，進而導致陰阜鼓起，顯得很突出，尤其是在躺著的時候。但這個是有利於將來懷孕時支撐沉重的胎兒，是好事，所以也就不必放在心上。每個人的陰阜都會微微隆起，妳並不是一個特例，這完全是一種正常現象。

那什麼是陰阜呢？其實陰阜就是隆起的外陰部分，這裡的皮膚和脂肪層很厚，妳可以按一按，軟軟的就是有很多的脂肪存在，所以隆起就很自然啦，就像是肚子上的「游泳圈」，脂肪越多就越明顯。

現在的妳正處在青春期，身體的各個部位都在發育，陰阜也開始變得豐滿，陰毛也會變得濃密起來。所以妳的下面，也就是陰阜微微隆起也就不是什麼奇怪的事情了，這完全是正常現象，不用擔心也不用覺得彆扭。

也許妳的好朋友下身依舊是平平的，絲毫沒有隆起，這只能表示妳比她們發育得快，以後她們也會出現這種情況的。

隆起是種正常的現象，千萬不要感覺這樣很特殊，過分擔心的話，很容易讓自己的心情焦慮，還會影響妳的生活和學習呢。其實只要多掌握一些生理知識就可以搞定這些問題了。

我知道妳一定不好意思問同學這個問題，那就諮詢一下媽媽吧。請媽媽也平躺下來觀察一下，看看媽媽是不是跟妳的情況一樣，這樣能讓妳安心很多。

也許媽媽在像妳這樣大的時候，也曾有過這樣的困惑。去請教媽媽吧，這可是明智之舉。

## 小小提醒

　　青春期的妳們，身體各方面的變化都是比較明顯的，出現什麼情況不要驚慌，要多多地諮詢老師和父母，千萬不要憋在心裡獨自糾結，因為這樣完全沒有作用，還會影響一天的心情。所以，做個不懂就問的小女生吧！展現妳的青春活力，也向父母展現妳好奇心重的一面，沒什麼好害羞的。

　　今後妳的身體還會出現很多的變化，並且心理也會跟著有一些微妙的改變，千萬不要一個人悶著思考，多多諮詢才是正確的方法，小丫頭，一定要記住喲。

# 我的身體怎麼往外流
# 白色的東西？

**？【我的困惑】**

有天我在洗內褲，發現內褲上沾了白色的東西，平時也能感覺到自己下面流出一些東西，這是什麼情況啊？

**【敞開心扉】**

小女孩，看來妳是個勤快的小女生，自己的內衣自己洗是個很棒的習慣，一定要堅持住。在瞭解自己一點一滴變化的同時，還能讓媽媽減輕負擔，這可是一舉多得的事情。

　　白色東西的學名叫作白帶，是從我們的陰道中流出來的帶有黏性的液體，通常是白色的，不同的顏色也在一定程度上預示了身體的一些情況。

　　白帶的成分是什麼呢？這裡就有一點難懂了，不過妳可要耐心地看完它呀。

　　白帶通常是由前庭大腺、子宮頸腺體和子宮內膜的分泌物，還有陰道黏膜的滲出液，以及脫落的陰道上皮細胞混合而成的，成分是不是很複雜？白帶中還含有一定量的抗體與乳酸桿菌等，因此具有抑制細菌生長的作用，是不是很神奇？

　　白帶的顏色及量的多少也預示著一定的身體情況。

　　一般在月經中期白帶會增多，此時的白帶是稀薄透明的，不容易察覺，之後會變得黏稠，並且開始出現量少和渾濁的情況，月經前和懷孕期間也會出現白帶增多的現象，所以，白帶增多是一個推測月經即將到來的好方法。

　　呀，姐姐忘了妳還不知道什麼是月經呢，可以和妳簡單說說，月經就是每個月下面「流血」的情況。現在還是不太懂的話沒關係，我們後面就會提到了，在這裡先有個印象就好，之後姐姐還會為妳詳細地解答。

　　白帶的顏色、氣味與量的多少發生異常變化就稱為白帶異常，因為和平時不一樣，所以才被稱為是異常情況，不過這種情況大多數是不注意個人衛生引起的，可見個人衛生多重要。

　　平時只要用清水清潔外陰就可以了，如果沒有婦科病，最好不要使用電視上的那些女性清潔液，因為這些洗液很可能會破壞陰道的自動潔淨功能，也會因此導致有些病菌乘虛而入，造成陰道感染等情況。女性清潔液是在外陰出問題的時候才需要使用的，妳們現在還不需要，畢竟是才剛進

入青春期的小女生。

　　平時多多閱讀相關的書籍，可以幫助妳明白許多問題，如果不好意思開口問就多多看書吧，在增長知識的同時，還能及時就身體的變化對症下藥，一舉兩得。

## 小小提醒

　　平時注意觀察是個很好的習慣，這樣可以避免一些情況的發生，也可以為今後身體變化做出合理的準備。小丫頭也要長大了，自己能做的家務事就幫媽媽多多分擔吧，洗自己的衣物就是一種不錯的方法。

　　隨著年齡的增長，妳是不是也開始覺得讓別人幫忙洗內衣有那麼一點點不好意思呢？那就更應該自己動手洗了，這樣不僅能讓妳變得更加勤勞，還能幫助妳早日發現問題。

　　遇事多詢問、多思考、多看書是很不錯的習慣，小丫頭，妳可要繼續加油喲！

# 我怎麼尿血了，是得了絕症嗎？

**？【我的困惑】**

課間上廁所時發現內褲上有紅色的痕跡，肚子還有點難受，放學回家才發現血跡越來越大，我這是不是尿血了？是不是什麼絕症，會不會死啊？我該怎麼辦才好？

**【敞開心扉】**

小丫頭，妳是不是正懷著複雜的心情期待答案呢？這是妳生命中第一次出現這種情況，一定很害怕吧？其實，沒什麼可害怕的，這是正常現象，可不是妳自己認為的尿血。

還記不記得前面我們提到的「大姨媽」這個詞？其實，妳是第一次來

「大姨媽」了，而在生理上，我們把這種現象叫作月經初潮，這證明妳又向著成熟邁出了堅實的一步，妳應該開心才對！

月經一般一個月左右就會出現一次。要明白為什麼會出現月經，這還要從頭說起，這裡面可是有些會讓妳看了頭疼的名詞喲。

女性內生殖器官包括卵巢、輸卵管、子宮、子宮頸和陰道。卵巢，就是產生卵子並且合成卵巢分泌的管道激素的地方，子宮就是妳在媽媽肚子裡時住的地方，輸卵管就是輸送卵子的管道，卵巢裡有好多的卵泡。

到了青春期，卵泡就會在促性腺激素的作用下開始逐漸發育，卵巢也會跟著產生變化，子宮內膜自然也會受到影響。體內的雌激素會使妳的子宮內膜變厚，排卵後子宮內膜還會產生變化，這時的子宮內膜被稱為分泌期子宮內膜。因為卵子並沒有受精，所以在排卵後的 14 天左右，妳的子宮內膜就會壞死脫落，於是就會出現出血的症狀，這就是月經來潮，這下子妳明白了吧？就是因為子宮內膜的脫落才產生了月經哦。

因為妳還沒有發育完全，所以這個時期妳的月經週期還不穩定，不過以後月經週期就會變得越來越穩定了，不要心急。

一般在月經期，都會有腰痠、肚子悶脹等症狀出現，嚴重的甚至還會出現肚子疼的情況，這時候女生情緒也不會很好，所以需要妳自己努力控制一下。其實情緒激動、脾氣暴躁也屬於正常現象，等這段時間過去了自然就不會這樣了。這可是我們女生特有的生理期，發個脾氣也不會有人責備，但是也要學著去控制，畢竟壞脾氣還是會傷害別人的。

在月經期間一定要注意個人衛生，勤換衛生棉是一定要做的，不然既不衛生，還容易使自己的褲子沾上血跡，被同學看到多不好意思。到了現在，妳是不是已經明白了之前提到的月經呢？之前的疑問是不是也解決了。

月經期間還要保證充足的睡眠，儘量避免吃一些刺激性的和凉的食物，比如辣椒和冰之類的，都要儘量少吃或者不吃。還要注意多喝熱水，不要劇烈運動，否則很容易加重肚子疼的狀況，也會延長月經的時間，這樣是對身體有害的。

最主要的當然是要保持樂觀的心情，月經是正常現象，很快妳就會發現周圍的許多小夥伴也都有月經了，所以下次再遇到的時候千萬不要害怕，也不要懷疑自己是不是得病了。

## 小小提醒

月經初潮的年齡會受到很多因素的影響，比如種族、體質和運動情況等等，所以每個人月經初潮的年齡也不盡相同，而每次月經來潮，女性的情緒就會不由自主地煩躁起來，這時候可要避免發火，自己要稍微控制一下。

其實在月經初潮之前會有很多先兆，比如妳的體重突然增加，乳房開始出現乳暈並且有硬結，白帶是褐色等等，只要妳能以平常心對待這些變化，那下次月經光臨時，自然就可以從容面對了。

# 「大姨媽」來時肚子疼
# 是正常的嗎？

**? 【我的困惑】**

「大姨媽」到來的那幾天肚子總是有種說不上來的疼，我這是不是得病了？是不是不正常啊？

**➡ 【敞開心扉】**

偶爾出現的經期腹痛是正常現象，這樣的疼痛不是痛經，那什麼情況才算是痛經呢？

痛經在女性中比較常見，月經來潮時有些女生會出現小腹痙攣性疼痛，

很多人會疼得無法正常工作和學習，此種情況就被稱為痛經，這跟身體情況以及個人習慣和月經初潮的早晚有很大關係。

痛經有兩種情況，第一種是每次月經都會出現，這是原發性痛經。還有一種是行經數年或十幾年才出現的經期腹痛，這就是繼發性痛經了。說到這裡，妳該知道自己到底是不是痛經了，如果是痛經又是屬於哪一種了吧？

痛經雖然看起來很嚴重，但也並不是沒有辦法緩解的，平時要有充足的睡眠和平衡的營養攝入。適當的鍛鍊也是必不可少的，這樣不僅能夠增強體質，還能有效地緩解痛經症狀。避免食用過甜或過鹹等刺激性食物，應該有選擇地多吃一些蔬菜、水果、雞肉等等，還應該儘量少量多餐，以幫助消化、促進吸收。

還可以透過補充礦物質來緩解痛經，可以選擇在月經前夕或月經期間增加鈣和鎂的攝取量，月經期間要避免攝入咖啡、可樂等含有咖啡因的飲品，酒是一定不能喝的，如果妳會在月經期間出現水腫的情況，那麼酒精就會加重這種情況，為了身體的健康和月經期間不那麼難受，適當忌口也是應該的。

如果真的是痛經也不要有心理壓力，因為很多女生都有痛經，在月經期間一點感覺都沒有才不正常呢，而且痛經也是可以緩解的，千萬不要有太大的心理壓力，良好的心態是很重要喲。

月經期間要注意保暖，不參加會使腹部震動的劇烈運動，比如俯地挺身、仰臥起坐、跳高和跳遠等。雖然月經期間要避免劇烈運動，但也不是什麼都不能做，很多的女生在認識上有誤解，認為月經期間什麼都不做才對身體有好處。但其實月經期間進行一些適當的體育鍛鍊是沒問題的，只

要注意不要太逞強，別讓自己的身體過於勞累，不要進行劇烈運動，而散步是不錯的選擇。和朋友一起到公園走一走，鍛鍊身體的同時也能緩解壓力。

如果月經期間，正好遇上了體育課，肚子痛又實在堅持不下去了，跟體育老師請個假也是可以的，千萬不要勉強自己，累壞了身體。

小丫頭，下次體育測試的時候如果剛好是在月經期間，妳該知道怎麼做了吧？

## 小小提醒

月經期間要格外地注意保暖，我們的身體本身就對寒冷很敏感，如果月經期間著涼的話就會更加難受，不但容易出現經量過少，還有可能出現閉經的情況。

月經期間還要保持外陰的清潔，要用溫水沖洗外陰，以免造成身體的不適。月經期間還要保持良好的心態，心情好才能減輕月經期間的不適。

# 月經流那麼多血，
# 我會不會貧血啊？

**⁇ 【我的困惑】**

　　我發現有的人月經來潮的持續時間比較長，有的人比較短。月經期間到底要流多少血？我會不會失血過多而出現貧血的情況啊？

**➡ 【敞開心扉】**

　　小丫頭，妳觀察得還真是仔細，真是個善於發現的孩子。

　　在日常生活中，大部分人月經來潮的持續時間都會在 3—7 天，太長或太短都是不正常的，如果經常月經來潮持續時間過長，就要到醫院去做個

檢查，及早發現問題並且儘早開始調理。月經血量因人而異，但是一般一次月經出血量在30—50ml，而月經量多於80ml的，一般被認為是病理狀態，這就需要及時去醫院診治了。妳想啊，要是月經來潮五天的時間裡每天都有很多的經血流出，光看著就很嚇人了，更別提坦然面對了。

經血一般是暗紅色的，看起來是不是很嚇人？經血除了含有血液之外還含有子宮內膜碎片和宮頸黏液，還有一部分陰道上皮細胞。

一般女生在月經期間沒有不適的感覺，不過少數人會出現小腹、乳房脹痛，腹瀉的情況，偶爾還會出現頭疼的症狀，這些輕微的症狀不會影響日常的工作、學習和生活。不過如果症狀嚴重，就有可能是痛經，需要在日常生活中格外注意。

有了月經以後女生常常會覺得麻煩，還有人會像妳一樣擔心失血過多。放心好啦，失血過多的情況一般是不會出現的，除非妳的身體體質實在太差，承受不住經期血液的流失。

所以不用擔心，只要妳的體質良好，這些失血過多、貧血的事情，就絕對不會出現。雖說月經期間會很麻煩，但月經對女生來說是不可或缺的。

如果超過18歲還沒有月經初潮，就要到醫院檢查是不是子宮、卵巢發育不良等疾病了，從這方面看，月經情況還會提示身體某方面的疾病。每月的經血流失還能提高女性的造血功能。

看了這麼多，還會擔心失血過多嗎？我親愛的小女孩。

## 小小提醒

月經開始的 1—3 天血量會比較多，推薦大家吃麻油薑片炒豬肝，不僅能補鐵，還有利於經血的順利排出。

如果覺得太麻煩了，那就選擇簡單快捷的紅糖煮薑湯吧。不過這些都屬於高熱量的食物，如果妳的體質燥熱，或者有皮膚過敏的現象，或者有肥胖、高血壓、高脂血症等疾病就不適合了，推薦食用一些含鐵元素的蔬菜，比如菠菜，多吃新鮮水果也是不錯的選擇。

# 我沒胖，但怎麼重了好多？

? 【我的困惑】

上次學校體檢，我突然重了許多，可是同學都說沒發現我變胖啊，我到底是重在哪裡了？為什麼會突然變重？

➡ 【敞開心扉】

看樣子小丫頭很擔心自己的身材問題呀。

體重增加好像是困擾每個年齡層女性的共同問題，不少女孩子明明不胖，但還是會在見到瘦瘦的女孩之後覺得自己胖了，會在沒搞清楚原因的情況下，為了保持身材展開一系列的減肥活動。愛美之心人皆有之，但女人的愛美之心更是強烈啊！

不過，正處在青春期的妳發現自己的體重突然增加，並且完全沒有從外形上發現自己變胖是很正常的現象，因為妳正處在一個身體快速發育的時期，妳能長高 10 公分左右，身體的各個器官都會變大。這時候的妳，身體各個部位的生長發育都達到了高峰期；容貌上也會相應地發生一些變化，就像俗話說的「女大十八變」，所以出現體重突然增加的情況非常正常。放寬心就好啦，妳並不是身材走樣了。

但是如果在這個時間段沒有均衡的營養攝入，女孩就很容易出現營養不良或是身材矮小、發育不良的情況。所以，在這段時間，必須攝入大量的碳水化合物，這個碳水化合物指的可不是那些飲料，這裡一定要注意。

除了碳水化合物，還需要攝入足夠的鈣、鐵和維生素等等，充足的營養才能讓妳的身體更好發育，避免出現發育不良或是發育畸形的情況。

不過，營養過剩也不好，那些多餘的營養物質會以脂肪的形式存儲在妳的身體裡，等到妳回過神來的時候才發現自己的腿不知道什麼時候就變粗了，小肚子上也不知道什麼時候有了小游泳圈，臉蛋兒上也有了肉肉，這種能明顯看出來的胖，會讓妳失去玲瓏的曲線。

所以在日常生活中，妳們既要做到營養到位，又要能夠管得住嘴，垃圾食品儘量遠離，愛吃零食的妳也要在自己的心裡好好權衡一下，一邊是美味的食物，一邊是苗條的身材，妳選擇哪個呢？可千萬不要等到身材走樣了，才後悔啊！

悄悄告訴妳，如果是我，我會果斷地選擇美味的食物，因為姐姐怎麼吃也吃不胖！雖然有些人是吃不胖的，但是一般人的體質都很正常，所以還是要注意飲食，垃圾食品吃多了不僅對身體沒好處，還會帶來一系列讓妳煩惱的肥胖問題呢。

　　言歸正傳，想要在青春期保持良好的身材，就要從現在做起。首先一定要有適當的運動，和朋友出去跑跑步，鍛鍊一下是很好的。跑步還是一個不錯的解壓方式，可以讓妳在運動中釋放自己，一舉兩得。

　　其次就是在飲食上注意了，不要吃那些熱量很高的食物。吃高熱量的食物很容易堆積脂肪，再加上這段時間妳們的主要任務就是學習，不運動的時間很長，所以很容易在不知不覺中發胖喲。上學和放學的路上加快步行的速度，也是很不錯的選擇，這種方式既不占用妳的時間，也不會給妳帶來過多的身體負荷。

## 小小提醒

　　青春期的妳們一定很注意自己的身材和容貌，不過這時候的妳們往往會忽略學習和運動，但是妳們要知道，現在的妳們最重要的就是學習了。因此就從現在開始加油吧！在課堂上認真聽講，在課下做好作業和預習、複習工作，在閒暇的時候就去戶外運動一下，這樣不僅能使妳保持身體健康，還能促進妳身體的各項發育，順便還能保持身材。

# 我怎麼好像沒有長高？

？ 【我的困惑】

為什麼我會比別的同學矮一截啊？我怎麼覺得我好像長不高了？

➡ 【敞開心扉】

　　這個問題很多青春期的孩子都遇到過，不過妳先不用擔心，個子的高矮不僅與自身的營養狀況、遺傳有很大的關係，還跟發育的早晚有很大關係，現在我們就一起來看看妳是屬於哪一種吧？

　　春天可是長個子的好時機，一般在五月的時候注意補充關鍵性的營養還能讓妳再長高一點。人的身高是由很多方面共同影響的，這其中就包括遺傳基因、飲食習慣、生活習慣，還有運動習慣等方面。

　　然而，能有著決定性作用的一般是遺傳因素，爸爸、媽媽的身高可以直接影響我們，一般來說，根據爸爸、媽媽的身高，就很容易判斷出我們的身高了，妳的爸爸、媽媽個子是高還是矮呢？但除了遺傳因素外，還是有很多因素能影響我們的身高。

　　對正處在青春期的妳來說，充足且均衡的營養是很關鍵的，可每天食用牛奶、雞蛋等營養食品。其次就是充足的睡眠了，在睡眠狀態下我們人體分泌的生長激素明顯增加，所以一定要有充足的睡眠，不過這可不要成為妳睡懶覺和賴床的理由。

　　為了保障身體的發育，建議妳們最好晚上十點之前就乖乖地上床睡覺。很多的孩子都喜歡晚上不睡玩手機，白天爬不起來，最後被媽媽從被窩裡抓起來再去上學，這樣的習慣是很不好的，而且長時間在晚上玩手機，還會影響妳的視力，萬一因此戴上了眼鏡，就得不償失了，誰都不想讓自己漂亮的大眼睛被鏡片遮住吧？

　　除了以上的幾個方面之外，適量的運動也是必不可少的，妳有沒有發現我們基本每節都會涉及運動這一項呢？這就足以證明體育鍛鍊的重要性了。戶外運動有利於妳長高，還能讓妳趁著在戶外的時間，好好享受暖暖的陽光，而陽光的照射可以增加人體內活性維生素 D 的生成，有利於身體的發育。運動還能讓妳們的骨骼發育得更好，這樣看來，運動本身就是增高的因素。

　　一旦錯過了最佳的長高時機，骨骺線閉合，或是接近閉合，想再長高就不容易了，所以說，把握生長發育的黃金時期才是王道。

　　如果妳心裡還是放心不下的話，就到醫院測一下骨齡吧，結果會告訴妳，妳還能長多少。這樣一來妳心裡也能踏實了。

## 小小提醒

妳是不是也已經注意到了，班上總有一、兩個小個子，好像從入學開始就沒有長高過，也瘦瘦小小的樣子？這種時候千萬不要跟著同學們起鬨，給人家取外號呀，也許人家只是晚長而已，等到個子長高的時候，說不定還會高過妳一個頭呢。

就算哪位同學真的長不高，也不要背地裡嘲笑人家，畢竟誰都想長高，只是他並沒有那麼幸運地長高而已。所以，一定要做一個禮貌懂事的小女生，只有妳給了人家足夠的尊重，才會得到同等的待遇。

# 雌激素會消失嗎？

【我的困惑】

媽媽說月經會消失，那雌激素會跟著消失嗎？

【敞開心扉】

　　既然問到了這個問題，那就從雌激素到底是什麼開始講起吧，這裡或許會出現一些讓妳看不懂的名詞，不過只要妳耐心地看完它，就會發現其實這些名詞並沒有想像中那麼難理解。

　　雌激素是一種女性激素，名稱雖然是這樣，不過它並不僅僅屬於女生喲，男生也是有的，只不過分泌多少有差異罷了。這種激素可以促進女性第二性徵的出現，並且維持我們正常的生殖功能，作用很大。

　　它可以刺激我們的身體發育，讓我們逐漸走向成熟，更能提高外陰的抗菌能力。雌激素還能和助孕素一起配合來維持女性的月經週期，如果雌激素過低或過高，都會給我們帶來不小的麻煩。這種激素還有保水保鈉的功效，對身體的作用是不容忽視的。

　　雌激素並不會消失，可是會出現缺乏的情況，雌激素一旦缺乏，就會對我們的身體帶來很大的影響，因為我們的體內有 400 多個部位含有雌激素的受體，子宮、乳房、盆腔、皮膚還有骨骼和大腦中都有。而缺乏雌激素則有可能帶來一系列的後果，是不是很嚴重？

　　首先乳房的大小就取決於雌激素的高低。而一旦進入絕經期，雌激素水準就會下降。什麼是絕經期呢？就是再也不會來月經的時期，一般到了 50 歲左右女性才會進入絕經期，對於妳們來說那個年齡還很遙遠。

　　雌激素水準的下降自然就會導致乳房萎縮，還會出現乳房下垂、乳頭向下等情況，進而影響女性的外形。誰都想自己有玲瓏的曲線，所以到了一定年齡可以補充含有雌激素的食物。

　　雌激素的缺乏還會導致骨質疏鬆症，因為雌激素參與了我們骨骼的形成，所以雌激素一旦缺乏就會導致鈣的流失，出現骨質疏鬆的情況。妳會在日常生活中發現，一些老年婦女骨折的機率很高，這就與雌激素水準有很大的關係。雌激素的缺乏還會使我們的皮膚明顯缺少彈性和光澤，甚至變乾、出現皺紋等等，而一般 25 歲以後就開始出現這些情況了。

　　雌激素的缺乏還會使我們出現弱視、失明、牙齒脫落等一系列的症狀，可見這種激素的重要。有許多的食物都可以被用來提高人體內雌激素水準，比如蜂王漿、穀物、芝麻、洋蔥和葡萄酒等等，愛美的女孩可要在生活中多多食用喲。

　　如果自身的雌激素水準嚴重偏低，要切記在醫生的指導下，才能服用一定量的雌激素藥品，千萬不要擅自服用，如果服用不當的話，還會造成人體內分泌失調等病症。所以，無論做什麼事情都要適度，不然只會適得其反。

　　說了這麼多，小女孩，現在的妳是不是已經完全明白了呢？

## 小小提醒

　　豆類食品中含有大量的植物雌激素喲，多吃還能預防癌症發生呢，是不是一種很棒的食物？如果妳不怎麼喜歡豆類食品的話，可要從現在開始學著慢慢接受嘍，畢竟與妳的美麗和健康息息相關呢。

　　補充維生素D也是提高體內雌激素水準的一種不錯的選擇，牛奶和魚類中含有較多的維生素D，建議在日常生活中多多食用。

　　很多人都喜歡速食，可是速食對我們的身體是有很大傷害的，建議平時儘量避免吃速食，不過偶爾吃是沒關係的，但千萬別養成了愛吃速食的習慣。

# CHAPTER 2

## 他讓妳充滿好奇

　　小女孩，妳是否已經發現，身邊的一些小男生好像一瞬間就長高了很多，而且他們說話的聲音，好像也和以前不一樣了，不再是和妳們差不多的尖細嗓音，而是變得低沉了不少呢？妳有沒有注意到，有些男生竟然還和爸爸一樣，長了鬍子！只是他們的鬍子並不會扎人，還只是毛茸茸的。

　　我們女孩到了青春期會發生很多變化，那男孩都會發生什麼變化呢？這樣的問題，妳有沒有在心裡想過呢？妳會不會很好奇，男孩是不是也每個月都會來「大姨媽」？會不會好奇，男孩的胸部為什麼沒有像我們一樣鼓起來呢？妳有沒有發現，班級裡的男孩，好像特別喜歡打架，是他們都太衝動了嗎？

　　其實，每個進入青春期的人，都會發生變化，男孩當然也會，只不過他們的變化和我們女孩在有些地方會不同。而且處在青春期的小男生們，每天也有好多好多讓他們糾結煩惱的問題，他們的問題一點也不比我們女孩少喲。

　　好了，現在，就讓我們一起來看一看，男孩在進入青春期之後，都會發生哪些生理和心理上的變化吧。

　　妳，準備好了嗎？

# 青春期時，男孩和女孩的
# 變化一樣嗎？

**？【我的困惑】**

我們女生有青春期，那麼班上的男生也會有青春期嗎？他們進入青春期之後，又會有什麼變化呢？像我們女生一樣嗎？

**➡【敞開心扉】**

用一句話來說，青春期是每個人都會經歷的，所以男孩自然也有青春期。不過男孩青春期的開始和結束要比女孩晚兩年。而一般東方的女孩青春期從 11、12 開始，17、18 歲結束，這樣妳就能推斷男孩青春期的時間了。

經過青春期的發育之後，妳們就真正進入了男女有別的時代，不管是身體上還是性格上，男孩和女孩都有了翻天覆地的變化，我想妳一定漸漸有所體會了吧。男孩開始變得越來越好動，喜歡冒險，也喜歡在課堂上搗亂，讓老師頭疼的往往是那些愛玩愛鬧的男生；而女孩開始喜歡湊在一起聊天，平時安安靜靜，完全沒有男生身上的那股子冒險的精神。而且在課堂上，女孩通常不太會搗亂，這就使她們顯得比男孩乖巧懂事了。

男孩不會有「大姨媽」，取而代之的是出現「遺精」現象，這個詞是不是很陌生？不用急，我們會在後面單元為妳詳細解讀。而且男孩的乳房也不會像女孩那樣發育，不過他們會出現鬍子。現在妳可能會比班上的男孩還要高還要壯，心裡是不是因此而有點驕傲？其實，這不過是男孩們還沒開始真正發育而已，千萬不要高興得太早。說不定哪天小個子的男生，就會在一夜之間長高了呢。

妳一定發現了，有些女生發育得比較早，而有些又發育得比較晚，男孩也是一樣的，有些早熟一點，10 歲之後就開始長個子，成為你們班上個子最高的幾個，然而他們長個子的時間比較短，這樣他們在青春期結束時，往往已經不再是班上最高的男生了。有些男孩比較晚熟，長個子的時間晚一些，但是他們長個子的時間比較長，所以他們在成年之後往往都是大高個兒，還很有可能是瘦瘦高高的呢。

男孩一旦進入青春期，就會在雄性激素的作用下，開始對女孩產生愛慕之情，總是想辦法接近女生，妳是不是也成了那些男生的目標呢？這個時期的他們很容易犯錯，所以妳可要謹慎呀。面對異性的關注和喜歡，一定要冷靜下來，不要讓這些事情影響自己，畢竟好好學習、天天向上才是你們現在最主要的任務。

## 小小提醒

青春期也是「危險期」，青春期男孩會在生理作用的驅使下出現刻意接近女生的行為。這些行為在一般情況下是不必擔心的，而會有這些想法也是很正常的。只是，有些男生會做出過激的舉動，或是在被拒絕後產生不良的情緒，這就需要妳多加注意啦。

當然，我們女孩也不是好欺負的，遇到問題應該及時向父母和老師反映，也要開始學習生理知識，以便能快樂地度過青春期。在與異性接觸的時候，也要掌握好分寸，千萬不要因為交往方式的問題讓彼此產生誤解呀。

# 男孩體內的雄性激素是否
# 會出現不足呢？

## ? 【我的困惑】

我已經知道了，我們女孩的體內有雌激素，而他們男孩的體內也相應有雄性激素，那麼雄性激素是否會出現不足呢？

## ➡ 【敞開心扉】

我們都知道，人的身體裡有好多腺體，它們會分泌出很多人體所需的特殊物質，這些物質主要為激素。內分泌腺包括垂體、甲狀腺、腎上腺、性腺等。這裡所說的性腺，主要是指男性的睪丸，女性的卵巢。

在青春期以前，人體內分泌腺分泌的激素量，幾乎沒什麼變化，在男孩、女孩身上也沒有太大差異。但是，進入青春期以後，情況開始發生變化，主要變化就在性激素上。

妳已經知道了，在咱們女孩身體裡的性激素叫雌激素，而他們男孩體內的性激素叫雄性激素，主要是由睾丸分泌的，也有一部分是由腎上腺分泌的。

雄性激素的主要作用是促進男性生殖器官發育成熟，維持正常的性慾，促進精子發育成熟，促進蛋白質合成和骨骼肌的生長，刺激紅血球的生成和長骨生長（就連他們男孩在青春期長肉、長個子，也有雄性激素的功勞），最後還有促進第二性徵的發育。

可以說，隨著青春期的到來，男孩體內雄性激素增多，男孩就會出現喉結突出、變聲、長出陰毛等第二性徵，並且逐漸向成年人過渡，不僅是生理上的，心理、社會適應能力都會從不成熟走向成熟。

不過，並不是說他們男生的身體裡就沒有雌激素了，只不過，他們的身體裡是以雄性激素為主的。而在我們女人這裡，當家做主的則是雌激素，只有很少很少的雄性激素。

那麼，如果雄性激素不夠多，會出現什麼情況呢？

會讓由它主導的那些身體變化得比較緩慢，男性性功能也會低下，更有嚴重的，會出現我們女性才會有的特徵。舉一個極端的例子，看古裝電視劇時，妳一定看見過太監吧？太監就是被割掉了睾丸和陰莖，他們基本上就沒有了雄性激素，所以他們才會出現鬍鬚脫落、嗓音變細等特徵，這是因為雄性激素沒了，自然雌激素就占了上風。

雖然這種情況挺嚇人的，但是其實人體內的激素水準一般都會很穩定，

不會出現缺乏的狀況。所以，除非有特殊情況，否則不能胡亂使用含有激素類的藥品、補品，這可能會導致內分泌失調，對身體健康是有害處的。

## 小小提醒

現代科學研究證實，激素是由內分泌腺分泌的。神經系統的影響，情緒上的變化，也可能影響激素的分泌。

激素水準正常可以讓女孩健美窈窕，皮膚光潤，富有青春活力，具有女性的陰柔之美。因此，如果女孩兒想成為一個漂亮美麗的窈窕淑女，就要保持良好的心態。

# 雌雄兩種性激素的作用是一樣的嗎？

**？【我的困惑】**

我現在知道了身體裡含有雌激素和雄性激素兩種激素，它們的作用到底有什麼區別？雌激素和雄性激素是一樣的嗎？

**➡ 【敞開心扉】**

小丫頭，這次的問題有點深奧了，很難解釋。唉，妳總有一天一定會把我問倒的。不過這個問題我還是可以解決的，那就請妳認真、仔細地看下去吧！

　　雌激素又被稱為女性激素，是我們女孩身體裡的性激素，還記不記得它是從哪裡產生的嗎？妳一定會想到卵巢，沒錯，雌激素就是由我們的卵巢分泌的。它可以促進我們第二性徵的出現，前面提到的乳房發育，還有腋毛的生長和月經的出現等等都屬於第二性徵。雌激素具體的功能我們已經在第一章裡面提到了，如果還有疑問就再翻翻前面的內容吧。接下來我們重點講解雄性激素。

　　同樣的，雄性激素又被稱為男性激素，可以促使男性的性器官成熟和第二性徵的出現，跟雌激素的作用基本相同。雄性激素的作用在男生還在媽媽肚子裡的時候就已經顯現了，雄性激素會刺激小寶寶的內生殖器和外生殖器的形成，如果這時候缺少雄性激素，男寶寶就很容易出現發育不全或畸形的情況。

　　雄性激素可以促進男性第二性徵的出現，比如喉結的出現、變聲以及體毛的出現，如果這時候男孩體內的雄性激素分泌過少，就會直接影響第二性徵的出現時間，甚至使身體出現異常的情況。

　　精子對生存條件的要求比較苛刻，而雄性激素中的睪酮濃度比一般液體濃度高出許多，這就能給精子創造一個良好的條件，讓精子健康地生存在體內。

　　雄性激素還能使骨髓生成更多的紅血球，提高男性骨骼的造血功能，所以男性比女性強壯許多，肌肉也比女性發達，免疫力也要強上許多。

　　不過男性偶爾也會出現雄性激素分泌過多的情況，激素分泌過多主要是由平時的飲食習慣以及環境和精神壓力等因素導致的，睪酮的水準逐漸升高，也會在一定程度上抑制體內的雌激素生成。

　　如果女性身體內的雄性激素長期處於過高的水準，那麼就會導致雌激

素水準過低，引起卵泡發育不成熟導致不能排卵，進而導致不孕。

　　雖然雌激素與雄性激素被分別稱為女性激素和男性激素，但是在男性和女性的體內它們是同時存在的，只不過是存在的水準不同，所以女性往往表現出雌激素作用下的特徵，男性則表現為雄性激素作用下的特徵。

　　小丫頭，這下子妳明白了沒有？

## 小小提醒

　　與女孩相比，男孩在青春期的生理發育比較迅速，相較而言，他們的心理發育速度趕不上生理發育速度，因此這時候他們會產生身心發展不同步的狀況。

　　甚至有些男孩會有一些不符合年齡階段的幼稚行為。其實跟女孩一樣，在面對這麼多變化時，男孩也不知道該怎麼辦。而男生往往比較粗枝大葉，不會在意許多小變化，以致問題出現了才會突然反應過來，這樣隱患也很大。而同齡的女孩往往要比男生成熟許多，而男生本身又不喜歡這種被當作小孩子的感覺，於是他們就會產生不耐煩的情緒。

# 男孩嗓子上的「包」是什麼？

**⑦【我的困惑】**

爸爸的嗓子上有個鼓起的「包」，我們班有的男孩也有，他們一說話這個包就會上下移動。不過我和媽媽都沒有，這是為什麼呀？

**➡【敞開心扉】**

小丫頭，那個「包」的學名是喉結，是男人的標誌之一。要解釋為什麼男生會有喉結，就要先瞭解人的喉嚨了。

人的喉嚨有 11 塊軟骨做支架，這其中有一塊最重要的，同時也是體積最大的，叫甲狀軟骨。妳只要知道喉結原本就是一塊骨頭，無論男生還是女生都是有的就好了。從出生到青春期之前，男女的喉嚨是大致一樣的，

直到青春期以後才會逐漸出現不同，甚至出現很大的差異。

進入青春期以後，身體各項機能增強，而男孩的甲狀軟骨中的一個部位，會在雄性激素的作用下，開始逐漸長大，並且突出來。男生體內的雄性激素要比女生體內的多很多，女孩即使進入了青春期，雄性激素的水準也還是很低的，因此甲狀軟骨就不會像男孩那般發育，也就不會出現像男生那樣的喉結了。

妳有沒有發現，小時候妳和異性小夥伴都是尖尖細細的嗓音，不過自從男孩的喉結開始逐漸突出之後，男孩的聲音就開始變化了，這段時期叫作變聲期。有關什麼是變聲期的問題，我們後面會有詳細介紹。

在日常生活中，妳還會發現有一些女孩也有突出的喉結，這又是為什麼呢？因為女性身體內也有雄性激素，但是雄性激素水準很低，所以一般占主導地位的是雌激素。然而有些女孩因為雌激素水準偏低，讓雄性激素趁機占了上風，這時候她們便會出現男生才會有的特徵，而喉結就是其中之一。

除了雄性激素的影響，遺傳也可能導致女性喉結突出，比如老爸的喉結比較突出，而他把這種特徵遺傳給女兒是有可能的。還有一種原因，就是女孩太瘦了，以致於會突出脖子下的這塊軟骨。如果妳們看到有的女生有喉結，就在心裡犯嘀咕，甚至還在背後議論人家，這就不對了，畢竟喉結是否突出並不是她們可以控制的。

女生的喉結突出是正常的生理現象，沒必要大驚小怪的，如果自己的喉結突出，也不必感到害怕，一般這種狀況在青春期以後就會消失，那不過是雌激素水準低所引起的輕微症狀，所以不必擔心。如果特別嚴重，就去醫院找醫生好好診治。

## 小小提醒

　　雖然每個男生都會有喉結，但並不是每個男生的喉結都會突出來，所以，有些男生儘管已經過了青春期，可是還沒有突出的喉結，也是正常的現象。

　　喉結是否突出對男性沒有任何實質的影響，許多的運動員的喉結也都不明顯。所以見到喉結不突出的男孩可不要大驚小怪喲。

　　同樣的，見到有喉結的女孩也不要隨便給人家取外號，這是非常不禮貌的，在瞭解了喉結的知識之後，可就更不能開玩笑了。

# 男孩的聲音粗真難聽！

**？【我的困惑】**

班上有些男生的聲音粗粗啞啞的，真難聽，為什麼他們的聲音會變粗？以前不是這樣啊，他們聲音還會變回來嗎？

**【敞開心扉】**

其實這是因為男生進入變聲期了，所以他們的聲音會變得粗粗啞啞的。男生的變聲期一般從 14 歲到 16 歲，相較女生來說要晚差不多一年。在這一時期，人的喉頭和聲帶增長導致聲音嘶啞、音域狹窄，容易產生發音疲勞，在說話、唱歌時聲音與幼時大不相同。

經過變聲期，女生的聲調會變得高一些，而男孩的聲音就會變得低沉

一些，低沉的聲音是不是很有磁性，而且也會顯得成熟了不少呀！這也是男子漢的標誌之一呢！

想想我們的老爸，是不是聲音都是低沉的、粗粗的，跟媽媽相比明顯低沉了許多呢？這就是現實中的例子呀，經過了變聲期的男生還會因為聲音低沉、有磁性而加分不少呢。

處於青春期的聲帶在不斷生長，這時候的聲帶可是又嫩又嬌貴的。然而青春期的他們正是活力四射的時候，特別愛表現自己。比如在回答問題和唱歌的時候，他們的嗓門都會特別大。如果不注意保護聲帶，就會對聲帶產生不小的影響，比如使聲帶充血、水腫，或長出聲帶小結，嚴重的還會造成呼吸困難，甚至不能說話呢！多恐怖呀！

那麼，怎樣才能保護好嗓子，避免出現這樣的情況呢？

這就需要小主人們適當地做些保護啦，首先要記得正確地使用嗓子，千萬不要過度大吼大叫，也不要天天到 KTV 大聲地唱歌，不然很容易導致終身嗓音嘶啞！後果相當嚴重呢！

其次要注意保暖，青春期的妳們無論是身體還是嗓子，都要避免著涼，注意保暖，儘量不要在冬天穿低領的衣服，以防脖子受涼，有時間的話，多多進行一些體育鍛鍊也是不錯的選擇。

最後就是在飲食上注意啦！少吃刺激性的食物，這樣做是為了防止它們刺激氣管和聲帶，冷飲也要少吃。有很多處在青春期的孩子，喜歡吃餅乾、爆米花等比較乾燥的食物，這類零食會給喉嚨帶來比較重的負擔，也不要多吃。

還有，平時也要多多喝水喲，沒事喝水潤潤嗓子，不但可以減少細菌的滋生，還能有效防止咽炎的發生。

## 小小提醒

變聲期可不是專屬男生的，女生也會在不知不覺中進入變聲期，所以也要按照上面提到的在平時多加注意。

女孩補充一些蛋白質和維生素，既能讓皮膚越發白皙，也有利於聲帶的發育。記住，千萬不要在變聲期逞能似的大聲說話。但也不要故意降低音量，像平時一樣說話就好，只要不大喊大叫就可以啦。

# 為什麼男孩會長鬍子？

## ? 【我的困惑】

老爸總喜歡用鬍子來蹭我的臉，好刺呀！可是媽媽就沒有鬍子，班上不少男同學都有了黑乎乎的小鬍子，為什麼男孩會長鬍子，我們女生就不會呢？

## ➡ 【敞開心扉】

看來小丫頭的老爸是個愛玩愛鬧的好爸爸呢，用鬍子蹭臉這招是我小的時候爸爸常幹的事情。然而這種方式，可能會將鬍子上的細菌帶到小孩的皮膚上，或者進入其口腔，容易使小孩生病喔，所以不提倡用鬍子蹭臉這種玩鬧方式。尤其是在寶寶還很小的時候，就更需要避免了。

　　男孩出現鬍子就像雌激素會促使女孩出現第二性徵一樣，鬍子是在男孩體內的雄性激素刺激下才會長出來的。

　　爸爸是不是幾乎每天都要刮鬍子呢？這是因為鬍子要比頭髮長得快很多，剛剛刮去的鬍子不到幾天就又長出來了。下巴處的血管要比頭髮根部的血管多很多，營養多鬍子自然就長得快了。

　　鬍子可是男孩第二性徵的第一個表現，跟乳房的發育是我們女生的第二性徵的第一個表現一樣。

　　在電影或是動畫片裡，我們常常能看到不同的鬍子造型，八字鬍就很常見，山羊鬍也很多，鬍子造型都很有趣。

　　在玩遊戲進行角色扮演的時候，我們往往還會替自己黏上各種形狀的鬍子來裝成大人，不過在一般情況下，我們女孩是不會有真正的鬍子的。

　　班上的男同學的鬍子是不是細細的毛茸茸的，那麼這是為什麼呢？其實鬍子也要經過從幼小到成熟的過程，慢慢地隨著男生年齡的增長，鬍子就會越來越黑，越來越硬啦。

　　雖然不同男孩體內的雄性激素水準是差不多的，但是表現在鬍子上卻沒那麼一致，有的男生鬍子比較濃密，而有的男生就比較稀疏，不過這都不能代表什麼。有些男孩雖然沒有鬍子，但是其他方面發育正常，這也就沒有大礙了。再加上男孩出現鬍子的年齡也不盡相同，所以見到文弱、不長鬍子的男同學，妳不要嘲笑人家像女孩子呀。

　　鬍子能吸附許多的有害物質，汽車廢氣和空氣中的污染物都會吸附在上面，這樣對身體是有好處的，因為鬍子把灰塵都隔絕在皮膚外面了。這也就能解釋我們上面提到的問題了，男生儘量不要用鬍子扎小孩子的嫩皮膚，這樣做很容易將有害物質帶到孩子的皮膚上，使孩子感染病菌。

鬍子還有著保暖的作用，冬天裡，有鬍子就比沒鬍子暖和許多。鬍子要保持清潔，不然有害物質會危害人體健康，所以說，無論什麼時候，保持良好的個人衛生都是很重要的。

鬍子還有很多種顏色，只不過在大多數情況下，東方人的鬍子是黑色的。有些人的鬍子是棕色的，還有些人的是棕紅色的，這些都是由色素細胞決定的。

## 小小提醒

古埃及男人很注重自己的外形，長長的鬍子對他們來說是不乾淨的象徵，所以他們的成年男子會準備一種青銅刮鬍刀來進行日常的鬍子打理工作。

古埃及人是不是很聰明？那時候就知道保持自身清潔的重要性啦，所以我們現代人也不能被比下，各式各樣的刮鬍刀都是為現在的男生們準備的。

# 男孩身上的毛毛怎麼又長又多？

## ？【我的困惑】

班上男生夏天穿短褲的時候會露出腿上的汗毛，比我們女同學的汗毛長好多，他們手臂上的汗毛也比我們女生多，這是為什麼啊？

## ➡【敞開心扉】

小丫頭，妳觀察得可真仔細，一到夏天，我們都會穿上自己喜歡的裙子出門，可是男孩只有短褲和 T 恤，往往在這個時候我們就會關注到人身體上的汗毛，尤其是手臂上的和腿上的。

不知道妳是不是發現了有些女孩的汗毛也是比較長的，不過這樣的女孩很少。相對來說，男孩的汗毛長就是普遍現象了，那這是什麼原因造成

的呢？

　　可以肯定的是，汗毛濃是我們身體裡的雄性激素造成的，不管是男生還是女生，我們的體內都會存在雌雄兩種性激素。

　　前面已經提到了，女孩的雌激素分泌得比較多，雄性激素的水準比較低，雌激素可以維持我們女孩的第二性徵，比如乳房的發育和月經等等。同樣的，在男孩體內占主導地位的則是雄性激素。而雄性激素最顯著的作用是維持男生的第二性徵，比如男生的鬍鬚和汗毛。所以男生的毛髮要比我們女孩濃。

　　雄性激素的水準越高，體毛就越多越濃密，有些女孩出現體毛多的現象，這也是雄性激素的作用，不過一般都不需要擔心的。有些女孩因為覺得難看就會用各種方式去除體毛，還記得我們在腋毛那節講到的嗎？其實這些體毛並不會太影響美觀，只要能保持清潔衛生就可以了，太介意的話當然也可以選擇去除，不過我不太提倡這種做法。

　　體毛不僅包括我們的頭髮、眉毛、睫毛、鼻毛，還包括鬍鬚、腋毛、陰毛等等。人體皮膚表面上的細毛也稱作汗毛，這個詞是不是很熟悉呢？那我們身上生長的毛毛有什麼用呢？

　　首先我們的汗毛能在我們感到寒冷的時候，透過一系列的反應來保留我們體內的餘溫，妳有沒有注意到這樣一個有趣的現象？一陣涼風吹過，我們裸露在外面的手臂會突然感到寒冷，然後就出現雞皮疙瘩，這其實就是一種保溫的手段。

　　汗毛是能出汗的體毛，這就引出了汗毛的另一大作用，那就是排汗。汗毛越多，排汗效果就越好，汗毛能在炎熱的夏天幫我們的身體降溫。

　　上面的解答主要是應用在大部分的情況下，當然不能一下子概括所有

的情況，有些人體毛多是因為遺傳，就像個子高矮會遺傳一樣。

有些小女生汗毛多，還可能是因為毛囊對雄性激素過於敏感，或是得了某種疾病而引起的多毛症。

總之，有汗毛不是壞事，如果汗毛太多影響了美觀，可以在醫生的建議下適當採取措施。如果汗毛實在太濃密，也建議早點尋醫就診，因為這可能會關係到我們的內分泌問題。

### 小小提醒

小時候的妳會不會也曾經害怕過自己會變成毛小孩？我小時候就害怕過，不過事實證明是我當年想太多了。

導致體毛多的原因有很多，妳們也不能給其他同學取不雅的外號，這樣會對同學帶來很大的困擾的。不過，認真觀察的好習慣要繼續發揚下去呀！妳們平時要多多讀讀相關的書，這樣可以給自己長長知識，也可以讓自己更順利地度過青春期。

# 男孩的胸是平的，他們沒有乳房嗎？

? 【我的困惑】

我們女生到了青春期乳房會發育，胸前鼓鼓的。可是班上男生的胸部就沒有什麼變化，還是平胸啊！難道男生是沒有乳房的嗎？還是說他們的乳房根本不會發育呢？

➡ 【敞開心扉】

小女孩，這個困惑很好解答。乳房可是人人都有的，只不過我們女生的乳房會發育長大，而男孩的乳房就「沒沒無聞」啦。

　　乳房是我們人類的一個器官，無論是誰都會有的。在小的時候，男女的乳房是一樣的，都是平平的。進入青春期後，女生的乳房開始逐漸地發育，成為鼓鼓的樣子。

　　而男孩的乳房就算是進入青春期了也只是略微增大，基本上是沒有什麼變化的。因此女孩的乳房和男孩的才會有明顯區別。如果一個男孩的乳房也像我們女生一樣發育，那還了得！一定是他的身體出了問題。

　　我們女孩乳房的發育經歷了不同的階段，每個階段的變化都是很明顯的，乳房的發育對我們來說是至關重要。但是為什麼有些男孩的乳房也會像女生一樣，突然就有了變化，並開始發育增大呢？

　　其實，男孩乳房增大在一般情況下，是正常的現象，並不會對正常的生活和學習造成影響，也不會涉及身體健康的問題。可如果一直增大像女孩那樣就真的出問題了。一旦出現了這種情況就是生病了，一定要及時到醫院進行檢查，看是不是內分泌系統出了問題。不過這種情況一般是不會出現在青春期的，所以也不必過多擔心。

　　男孩乳房要是真的出現了異常也可以先從以下幾方面考慮：睪丸疾病、肝臟疾病和藥物的影響。因為這些都可能導致雄性激素的水準下降而使雌激素異常增多。雖說這種乳房增大和進一步發育的情況很少出現，但一旦發生就很麻煩，一定要及早治療。

　　說到這裡，小女孩，平時一定要注意呵護好自己的乳房，畢竟豐滿的乳房是女生值得驕傲的資本，現在的妳還會不會害羞呢？要記得昂首挺胸，做個自信的小女生，這樣才能變得越來越美麗。相反的，如果妳含胸駝背，那樣可就難看死了。

## 小小提醒

　　提到乳房，這可是我們女孩很重要的一個部位，青春期的妳們千萬不要束胸，或是因為害羞而不敢挺胸抬頭地走路。

　　有關生理上的問題平時可以多多諮詢媽媽。若是見到了乳房發育的小男生，也不要在背後說人家，或者給人家取外號，畢竟誰也不想自己得病。

# 男孩的生殖器官跟女孩的一樣嗎?

### ？【我的困惑】

男生很多方面都跟女生不一樣,我也開始漸漸發覺了這個問題,那麼,男孩和女孩的生殖器官一樣嗎?是不是也不一樣呀?

### ➡【敞開心扉】

這個問題我可以肯定地回答妳,男生和女生的生殖器官是不一樣的,對這個問題不用有半點的疑問,男性和女性的第二性徵存在很大的不同,生殖器官的構造更是天差地別,下面的內容對妳來說會有一些難懂,小女

孩，妳有沒有耐心把它看完呢？

　　女性的生殖器官包括外生殖器和內生殖器兩部分，外生殖器包括陰阜、大陰唇、小陰唇等，而內生殖器包括陰道、子宮、輸卵管、卵巢等。這些看似難懂的詞我們已經在前面提到了，是不是有一丁點兒眼熟呢？現在妳只需要知道這些部位就可以了，在後面我們還會有比較詳細的介紹，所以先不要著急喲。

　　陰道就是我們身體向外排出經血的通道，小寶寶也是從陰道出生呢。子宮就是小寶寶住的房間啦，受精卵會在這裡待上好久，逐漸生長發育。如果沒有懷孕，子宮內膜就會在性激素的作用下發生脫落，於是就產生了月經。這些知識現在的妳一定還記得吧？

　　卵巢就是產生卵子的地方，並且能夠分泌性激素，維持我們女生特有的生理功能和第二性徵，卵巢會在我們再也不來月經之後逐漸萎縮。

　　男性生殖器官和女性生殖器官同樣分為外生殖器和內生殖器兩個部分。外生殖器包括陰囊和陰莖，內生殖器包括睪丸、輸精管和前列腺等，這些詞是不是有些難懂？千萬不要覺得煩喲。

　　睪丸的作用和卵巢差不多，只不過睪丸產生的是精子，卵巢產生的是卵子。精子可是人類繁育後代必不可少的。睪丸對於男生來說可是至關重要的，它肩負著繁育後代的重要使命，和卵子的使命一樣重要，所以男孩都很重視他們的睪丸發育。

　　輸精管，顧名思義就是輸送精子的通道。是不是跟輸卵管的功能很相似？陰莖的主要功能就是排尿、排精液和進行性行為，是不是很神奇的樣子？其實男性生殖器有些部位的作用跟我們女孩的是很相似的，只是構造上有很大的不同。

# THE THINGS GIRLS FEEL SHY TO ASK

　　這下妳該知道男性和女性的生殖器官有哪些差別了吧？雖然結構天差地遠，但它們都是為了孕育後代而存在的，妳也不難發現有些器官雖然不同，但是作用是很相近的，小丫頭，這下妳該明白了吧？

## 小小提醒

　　不論是男孩還是女孩，平時都應該仔細照顧自己的身體，男孩雖然比較粗心，但也應該養成良好的衛生習慣。而作為女孩就更不能比男孩差啦，一定要注意保持外陰清爽乾淨，做個從裡到外都乾乾淨淨的純潔小女生。

　　有很多的細菌都會在我們放鬆警惕的時候潛入我們的身體，一旦被細菌感染，那結局就可想而知了。所以一定要注意個人衛生。男生也要注意自己的身體健康，保持自身衛生清潔。

# 陰囊是做什麼用的？

### ？ 【我的困惑】

生理課上老師提到了陰囊，陰囊是幹什麼用的啊？它是不是一個小囊袋？

### ➡ 【敞開心扉】

看樣子我們小丫頭，懂得越來越多了，好擔心哪天會被妳問倒了呢。雖然妳的問題越來越難了，但是這個問題我還是可以解決的，快來看看我的解答吧！

所謂陰囊，就是一個皮囊，我們前面已經提到了陰莖，陰囊就在陰莖的後面，它的顏色可不大好看，而且陰囊的皮膚還很薄很柔軟。

　　在陰囊的中間有一個隔膜，將陰囊分成了左右兩室，左右兩室是對稱的，都有睪丸、附睪。陰囊上還有很多的褶皺，這些褶皺使陰囊能自如地收縮和擴張，還可以有效地調節睪丸周圍的溫度，陰囊內的溫度要比我們身體的溫度低上 1.5—2℃呢，這個溫度有利於精子的產生。

　　因為陰囊包含對男生來說相當重要的睪丸，又加上陰囊裡布滿了神經，所以陰囊對外界的刺激相當敏感，因此在平時要注意對陰囊的保護工作，千萬不要讓它受到外界刺激，比如踢一腳，或者是被頂到等等。男生在運動的時候也會特別注意，如果被強烈地撞擊到了那可就慘啦。

　　陰囊的血管也很豐富，所以血量供應很充足，也正是因為血管密集，所以才能有效散熱，進而能使陰囊裡面的溫度比身體其他部位低，也更有利於精子的產生和存活。

　　就像我們女孩要經常清洗外陰一樣，男孩也需要保持陰囊的乾淨清潔，還要加上乾燥。平時要注意不吃辛辣或生冷的食物，這是為了防止發生陰囊潮濕的現象。不過就算真的出現了陰囊潮濕現象，也不一定就是病態，如果沒有其他方面的不適，還是完全沒有問題的。

　　陰囊健康是保障男性生育能力的關鍵所在，因為精子是由睪丸產生的，而睪丸要產生精子是很講究條件的，精子生長的最適宜的溫度是 35.5—36℃，溫度太高就會影響精子的正常產生，甚至還會使睪丸無法產生精子。

　　正因為有了陰囊，精子才能順利產生，保障男性的生育能力，所以保護陰囊的健康，就顯得尤為重要了。雖然男孩們在平時都比較不拘小節，還不太注意個人衛生，但是在陰囊衛生的問題上還是需要提高警覺的，畢竟這與他們的身體健康息息相關，並且還會影響他們的生育能力。這些問題老師和家長一定會格外提醒的，所以也就不需要我們女孩操心嘍。

## 小小提醒

　　不論男生女生，在平時注意飲食健康、養成良好的生活習慣都是很重要的，我們不止一次在書中提到了良好的生活習慣的重要性和個人衛生的重要意義，所以，正處在青春期的妳們可不要偷懶喲，不然到時候後悔都來不及。

　　作為女孩，在個人衛生方面應該不需要我過多囑咐了吧？丫頭一定是個愛乾淨的乖乖女。

# 男孩是不是也會有「大姨媽」？

## ？【我的困惑】

女生到了青春期會來「大姨媽」，與之相伴隨的還有肚子疼、脾氣不好的現象，男孩有些時候也會出現脾氣不好的現象，那男孩是不是也一樣會來「大姨媽」呢？

### ➡ 【敞開心扉】

「大姨媽」可是女生專屬的喲，但男孩到了青春期是會出現「遺精」的現象。

遺精還有一種稱呼叫做夢遺，就是男孩睡著睡著就從「小弟弟」裡流出精液來。進入青春期以後，男生體內的睪丸就會產生精子，而女生體內

則會產生卵子，其實這些都是相互對應的啦。

　　精子和卵子都是與生育有關係的，人生育的能力會一直持續到年老的時候，還記得「大姨媽」裡並不單單只有血液嗎？精液裡也不僅僅只有精子，還有一些別的液體，它們平時被儲存在體內，慢慢地累積著，就像是開著水龍頭往水盆裡接水，盆總會滿的，當精液過量時，自然就會有些精液趁著人在睡夢中，偷偷地「跑」出來啦。

　　遺精有時是幾天發生一次，有時是幾週，有時是幾個月，並沒有一定的規律，這點與「大姨媽」的差異比較明顯。

　　我們的月經都是有一定週期的，一旦週期出現了問題，很可能是我們的身體出了問題。同樣的，如果男生一週遺精好幾次，或者是在一晚上出現多次遺精也是需要去請教醫生的。

　　遺精並不像「大姨媽」，「大姨媽」是青春期的女孩都應該來，並且會一直伴隨我們直到絕經期，但遺精卻並不是所有的男孩都會出現的現象，有大概十分之一的男生，一輩子都沒有遺精過，所以沒出現遺精現象也是很正常的。

　　遺精和「大姨媽」也是有共同點，那就是都要在生活中注意飲食，並且要養成良好的生活習慣。菸、酒以及刺激性的食品都是不能吃的，還要注意個人衛生。

　　不僅如此，青春期的你們還要在平時多看書來瞭解相應的生理知識，這對男生和女生都是很重要的，多多看書，遇到問題多多請教，總是不會錯的。在父母和老師的正確引導下，你們才能健康地度過青春期。

## 小小提醒

和女生第一次來「大姨媽」時一樣，很多小男生在第一次遺精的時候，都會出現恐懼心理。但其實不用擔心，這可是再正常不過的生理現象了。

所以，在日常生活中一定要注意培養良好的心態。就像月經的到來標誌著小女孩要變成大美女一樣，遺精也代表著那些小屁孩要變成男子漢了，因此在出現遺精現象的時候，男孩不用驚慌，還應該感到開心才對。

# 精液也是紅色的嗎？

## ？【我的困惑】

男生的精液是什麼樣子啊？是不是像「大姨媽」一樣也是紅色的？

## → 【敞開心扉】

精液跟「大姨媽」是不一樣的，它沒有嚇人的紅色。這麼說吧，精液跟我們女孩的白帶比較有幾分相像。

精液是由精子和精漿組成的，精子的比重很小，有百分之五左右，剩下的全是精漿。精漿中有水、果糖、蛋白質、脂肪，還有許多酶和無機鹽。

前面我們已經提到了精子是由睪丸產生的。精漿卻不是睪丸產生的，而是由前列腺、精囊腺和尿道球腺分泌的。精漿的作用可大了，它是精子

的肥料，正常情況下，精液都是乳白色或淡黃色的，一旦出現了鮮紅、淡紅或者暗紅色的精液，就是身體出問題了，這樣的精液被稱作血精，這時候就要懷疑是不是得了精囊腺炎、前列腺炎等疾病了。

精液中的精子和卵子結合是繁衍後代必不可少的過程，這也是精液存在的作用和價值。如果男孩平時不注意培養健康的生活習慣，精液也會受到影響，就像我們女生不注意飲食就會影響「大姨媽」一樣。

男孩首先應當注意生殖器官的清潔，不然很容易造成生殖系統感染，進而影響精子的活力和數量，甚至還會導致不育。

其次就是避免抽菸與酗酒了，抽菸和酗酒的男生很多，菸酒中的有害物質會損害人的身體健康，這些有害物質對生殖細胞的殺傷力更強。所以不抽菸和酗酒，這本身就是一種保健方法。

前面我們提到了陰囊，也知道了適宜精子產生的溫度條件，如果男生為了表現自己的身材而穿緊身褲的話，會導致陰囊長期處於高溫狀態，這對精子而言無疑是很大的傷害，長時間洗三溫暖，也會造成陰囊的溫度升高而影響精子存活。

飲食得當是我們反覆提到的問題，營養缺乏很容易造成我們的身體發育不良，而對於男孩來說，鈣、磷的缺乏可能降低生育能力，而鋅和鎂的缺乏會直接影響精子的生成和精子的活力。

藥物的損害也不能被忽視，不少藥物都能造成男性不育，有些藥物還會抑制雄性激素的分泌，進而間接影響精子的活力。

多吃蔬菜，多吃含有蛋白質的食物，則可以提高精子的產生量和活力，參加體育鍛鍊也是個不錯的選擇！

## 小小提醒

　　不管是男孩還是女孩，生活上的壞習慣都會影響我們的身體健康，我們平時要注意多吃新鮮的水果蔬菜，儘量遠離垃圾食品，也要儘量避免抽菸飲酒。

　　良好的生活習慣往往能在不知不覺中給我們帶來很大的好處，而且這些好處是會伴隨我們的一生的。

# 男孩好像一夜就長高了！

## ？【我的困惑】

小時候我經常和男生玩，感覺自己和他們沒有什麼差異，尤其是身高。可是，等到上了高中，我突然發現了一件很神奇的事情，就是那些和我從小玩到大的男生竟然突然比我高了一個頭，他們男生怎麼長得這麼快啊？

### ➡ 【敞開心扉】

其實我親愛的小女孩，這沒有什麼神奇的，只要好好看看我的解釋，妳就一定會恍然大悟的。

男生在青春期時身高陡增是很常見的，但有些人不怎麼知道這其中的原因。進入青春期，男生每年可以增長 7—9 公分，一般不超過 12 公分，

這是下肢和脊柱增長的功勞；而女生每年可以增高 5—7 公分，一般不超過 10 公分。而且女生身高的增長時間還短於男生，這是因為女生骨骺閉合的時間早於男生。因此，男生女生的身高差距是日積月累的，而不是一蹴而就。這也導致了成年女性普遍比男性矮的事實。

然而對於青春期的少男少女來說，他們都希望自己能有挺拔的身姿，那麼我們就要先來瞭解一下影響身高的因素了。

身高增長與性成熟有關，一般較早身高增長的人，就會較早結束增長，性早熟的少女不再增長時，性晚熟的少女還在增長。身高增長較快的時間是在青春期，這個時候女孩的身高增長速度達到了巔峰。

身高的增長還和睡眠有關。垂體分泌生長激素，生長激素能促進骨骼發育，使骨骼結實，增長速度加快。夜晚是生長激素分泌得最旺盛的時間段，在此時間段分泌的生長激素大約是白天的 5—7 倍，所以青少年要想有挺拔的身姿，睡眠品質是至關重要的。

身體的發育離不開營養的攝入，人的身高當然也離不開營養的累積。骨骼的發育是蛋白質的功勞，蛋白質對人體各個器官的生長發育都有好處。

處在青春期的女孩新陳代謝比較快，這樣就需要更多的營養才能滿足人體的需要。我們也經常聽到媽媽說，我們是在發育的時候，所以要多吃點才能長得高，就是這個意思。

看了這些，不知道妳有沒有什麼感觸，其實也不要驚訝於男生的身體增長速度，因為這是無法改變的事實。

如果想要和他們的差距縮小，那就多多注意自己日常的行為習慣吧。我想只要妳做到了以上幾點，妳一定也能變成一個身材高挑的大美女。不過，就算沒有長高也不要氣餒，畢竟妳是妳，是沒有人可以替代的。

## 小小提醒

身高是大家都比較在意的事情，只要妳在青春期這個身體發育的時期，能夠注意飲食，注意睡眠的品質，注意自己的行為習慣，我相信妳就一定能健康成長。

其實，在我們的身邊總會有個子高和個子矮的同學，無論妳是哪一個，不要太在意，只要能做自己那就足夠了。

只要妳在青春期好好注意自己的身體，合理飲食，那就能在一定程度上加快身高的增長速度。

# 男女性格有什麼差別？

? 【我的困惑】

青春期的男生和我們女生的性格會有什麼差別呢？

→ 【敞開心扉】

小女孩，妳也開始思考這個問題啦？我像妳這麼大的時候也曾經產生過這樣的疑問。

其實每個人的性格都是不同的，並不能籠統地用男生的性格和女生的性格來做明確的區分，不過在一定程度上，男女生的性格確實有差異。有些性格是女孩獨有的，而有些又是男孩的主要特點。

性格一般指的是人的性情品格，就是人自身的態度和行為所反映出來

的心理特徵，有時還指人的脾氣，性格的好壞有時說的就是一個人脾氣的好壞。男性和女性在性格和行為上的差異被人稱作第三性徵。下面就來告訴妳男生和女生在性格上一般都有怎樣的特點：

男孩的性格特點顯而易見：衝動、愛冒險、好勝、要強，做事果斷，很少猶豫，善惡分明，往往在做出決定後會嚴格執行，並且男生對自己的外貌並不是很在意。

在很多的影視作品中，我們都能很容易發現男性的不修邊幅。我們身邊的男生也是不修邊幅，穿著隨意，有時我們女孩還會很不理解，為什麼男生就這麼不在意自己的外貌，我們女生可是很愛美的。

女孩的性格相較男生而言，就顯得拘謹，她們矜持、害羞、膽小、多愁善感，愛哭，容易產生情緒波動，喜歡安靜，不愛動……等等。

男孩不容易受到別人的影響，而我們女孩做事總是猶猶豫豫，還會因為別人不經意的一句話就打消了整個計劃，在對計劃的執行力上，女生也往往不如男生那麼能堅持。

男孩喜歡和活潑開朗、聰明大方的女生做朋友，而女生則更喜歡與那些溫柔體貼、長相英俊或是成績優異的男生做朋友，女生選擇朋友時表現出的虛榮心更加強烈。

不過以上都是很籠統的說法，在我們的生活中也有很大一部分的女生具備男生的性格特點，她們做事乾脆俐落，能夠很好地執行計劃，並且性格豪爽。

當然，也有一部分男生具有女生的性格特點，比如有些男生細心敏感，善於發現、感情豐富。所以男女在性格上並沒有很明確的分界線，我們所知道的都只是個大概的劃分。

　　一個人性格的形成來自三個方面的影響，遺傳因素、生長發育因素和所處環境因素。所以我們的性格是可以改變的，會受周圍的環境和人的影響，但是性格的可塑期一般是在青春期，也就是妳們正處在的這個寶貴時期。

　　所以在這段時間內接觸的人和事情可以在很大的程度上影響一個人性格的形成，小女孩，妳可要謹慎交友喲。

## 小小提醒

　　因為後天的環境對人格的形成有重大的影響，所以在現代社會，男人和女人的個性差別就不那麼明顯了。

　　其實不管是男生還是女生，都應該吸取彼此性格中的優點，一個人，既有男生的毅力，又有女生的細心，既有男生的果斷，又有女生的專注，那樣才是健康成熟的人。「取長補短」說的就是這個意思。

　　同時具備男女生的優勢性格，才能在未來發展得更好。

# 男生真的比女生聰明嗎？

### ？【我的困惑】

我是班長，每次考完試我都會幫老師整理班級的成績。時間久了，我發現班上的幾個男同學成績進步的非常多，問他們有什麼好的學習方法，他們卻說沒有。

我很疑惑，他們怎麼會進步得這麼快？難道男生真的比我們女生聰明嗎？

### 【敞開心扉】

在妳的身邊，是不是曾經發生過這樣的事：自己班上的有些男生看起來不好好學習，成績還一直很落後，但如果他們想要考好的話，只需要很

短的時間，就能輕輕鬆鬆地考到班級的前幾名。而如果妳的成績落後了，卻需要花費很長的時間和很大的努力才能趕上。

妳是不是經常感覺那些男生比自己聰明？其實這些在青春期裡都是常見的現象。

男孩和女孩在智商上沒有差異，又有差異。說男生和女生沒有差異，是說他們在綜合智力上沒有什麼差異，因為我們的智力不是單一的，而是多樣化的。我們的綜合智力包括：觀察力、注意力、思維力、創造力等等。

在這麼多的能力當中，思維力在智力方面占有核心的地位，而創造力又是智力的高級形式。

在這眾多的能力當中，男生在思維力、空間想像力等方面都強於女孩；女孩在觀察力、注意力方面則占有優勢，女孩更擅長剪貼、分類。所以，從綜合智力來看，男孩和女孩是沒有什麼差異的，沒有誰比誰更聰明。

可是，男孩和女孩之間的差異又是真實存在的啊，那這又是怎麼回事呢？別急，我的小女孩，下面就為妳解答疑惑。

我們上面說了智力包含很多方面，在這些具體的能力當中男女生的差異是存在的。在知覺方面呢，男孩的視覺靈敏，對外界充滿好奇心，而且富有運動細胞。

在運動中，他們充滿活力和力量，但是男孩在嬰兒時期學習語言的能力，明顯落後於女孩。女孩可以很容易地辨別聲音，嗅覺還很靈敏。

在對事物的理解方面，男孩女孩之間存在著「性差」。女孩比較感性，容易在事情上加上濃厚的感情色彩，偏於形象思維。而男孩比較理性，概括能力強，喜歡擺弄物品，思維又具有廣泛性、靈活性、創造性，偏於邏輯思維。

　　男生女生的不同讓我們的生活充滿了奇蹟。所以，不要驚訝於男生的能力，妳也有自己獨特的地方，多多發現吧，我的小女孩。

## 小小提醒

　　我們在日常的學習中要注意鍛鍊自己薄弱的方面，努力縮小自己與男生的差距。因為只有這樣，我們女孩才會越來越好。我們女孩身上存在不足，但是不要忘了，男孩也是一樣，他們也有優點和缺點。

　　遇到問題多請教老師和家長，這樣才能使妳們真正地認識自己。

# 為什麼男生愛打架？

? 【我的困惑】

班上的男生幾句話說得不對就開始打架，在課間我也經常能看到別的班的男生在校園裡打架，可是女生就很安靜，為什麼男生那麼愛打架？

➡ 【敞開心扉】

男孩不僅容易衝動發怒，而且還容易控制不住自己，這也是青春期的產物之一。

同樣一件事情，發生在男生和女生身上，他們會有截然不同的反應。可以讓男生大打出手的事情，有時卻很難讓女生生氣。在遇到挫折時，男孩的這個特徵會更明顯。他們常常感到不耐煩，不然就是生氣，武力解決

或是直接逃避等等，這些都是很不好的面對問題方式。

那麼，為什麼他們怎麼會和女孩有如此大的差別呢？

因為青春期的男孩自尊心都很強，他們會特別在乎自己的形象，簡單來說就是「愛面子」，覺得面子比什麼都重要。所以他們往往會在自己喜歡的女孩面前逞強，也特別不希望自己在別人面前出醜，一旦出醜就容易惱羞成怒，大打出手。

這樣的舉動跟天性不無關係，男性本身就比女性要好鬥得多，所以出現這樣的情況也是很正常的。不過一旦太過衝動，就容易給他人帶來很大的傷害，也會讓自己因為爭強好勝而付出代價，所以男生需要控制自己的情緒。

還有一點就是此時的男生心理還不夠成熟，通常一件很容易激怒未成年人的事情，放在大人的身上就沒那麼嚴重，這就是心理成熟與否的差別啦。不過有些男孩的過激行為，是因為他們覺得自己沒有得到足夠的重視，希望藉著「闖禍」來引起同學和老師的注意，得到和班上成績不錯的那些孩子一樣的關注，只是這種方式不值得提倡。

這個時期的妳們在交朋友上一定要慎重，因為這個時期的人有很強的模仿性，喜歡和朋友做一樣的事情，所以一個性格不錯、脾氣平和的朋友是不錯的選擇。小女孩，妳也要努力成為這樣的人喲，這樣才能讓朋友跟妳在一起的時候感到無比安心，妳的朋友也會向妳學習呢。當然啦，妳的學習成績也一定要保持住，這樣妳就是一個出色的小女生啦！

在遇到挫折和磨難的時候，千萬不要像有些男孩那樣，用武力和發脾氣解決，要認真地分析問題，迎難而上，要知道「困難像彈簧，妳弱它就強」。

## 小小提醒

　　有過激行為可不好，妳要儘量遠離喜歡打架、爭強好勝的男孩唷，千萬不要受他們的影響，因為我們可是小淑女呢。

　　如果妳的朋友中剛好有這麼一位脾氣暴躁的話，那就推薦他多聽聽音樂或是多多參加課外活動吧，這樣他那股用不對地方的力氣就有了新的釋放途徑，也就不那麼容易生氣了。

　　青春期的妳要正確地認識自己，不僅僅只關注自己的外表，也要從心理上讓自己成熟，千萬不要畏懼困難！

# 性和道德有關係嗎？

**？【我的困惑】**

進入青春期以來，關於性的問題，我也瞭解了一些，我覺得出現第二性徵雖然是身體上的變化，但是也會牽扯到別人，所以，性和道德有關係，是這樣嗎？

**→【敞開心扉】**

性和道德當然有關係，而且關係還非常大。比如性行為，就是兩個人的事情，性行為還可能會導致懷孕、生育等結果，其影響很大。

因此剛剛進入青春期的妳們，要學習對性、對異性、對性行為的正確觀念，也就是對這些事物的正確看法，這就是「性道德」。對於妳們來說，

學習「性道德」，應該從兩點著手。

## 第一，要有「男女平等，尊重女性」的觀念

長期以來，因為很多複雜的原因，社會上形成了男尊女卑、歧視女性等觀念，現在還有不少人仍有這樣的思想。

就拿身邊的事來說，有很多人認為女孩一上初中，在學習上就比不上男同學了。甚至妳身邊也有不少女孩，在進入青春期以後，因為生理上的變化，所以在身高和力氣上，比男生差了很多而自歎女生的倒楣。其實，產生這樣的想法，是不太合理的。要知道，男女本來就存在差異。不過，這些只是差異，並不是差距。簡單地說，就是各有所長，比如女孩比較擅長感性認識，而男生則比較善於邏輯分析。

而在生活當中，除了比較注重體力的工作之外，男生能做的工作，我們女生一樣能夠勝任。所以，我們女孩應該從小就樹立男女平等的觀念。

## 第二，就是要自尊自愛，保持正常的異性交往

和異性正常交往，能夠使人更好地完善性格，為進入社會打好基礎。但是青春期的妳們心理還不成熟，不容易把握好這個分寸，容易陷入早戀。

我們並不反對男女交往，相反的還鼓勵男女正常的交往。但一定要注意，在男女交往中，應該學會自尊自愛。

關於性道德，妳可能聽過這樣的詞：「性解放」「性開放」。這些是從西方國家傳入的。它們出現的目的，是為了反對社會上男人對女人的歧視，但是流傳到現在，其所產生的壞影響更明顯。概括起來就是，太多的人打著這種旗號，做不自尊不自愛的事情，禍害自己，同時也成為社會的

禍害。

　　青春期的孩子好奇心特別強，所以妳一定要保持警惕。

### 小小提醒

　　性道德，要以正確的性知識為基礎。性知識包括性生理知識、性心理和情感方面的知識等等。

　　不瞭解性知識，而只泛泛地談性道德是空洞的。只有對性有一個科學的認識，破除其神祕感，才能建立堅實的性道德觀。

# CHAPTER 3

## 朦朧的情愫

　　小女孩，進入青春期之後，妳有沒有覺得自己想的問題越來越多了，隨之而來的煩惱也多了？而且妳還下意識地和曾經很要好的男生疏遠了，忽然覺得他們的興趣愛好和妳的有了很大的差別？

　　妳是不是也漸漸開始對男生眼中的妳是怎樣的形象感到好奇了，還偷偷地將某個帥氣的小夥子裝在了心裡，心思都會隨著他的一舉一動而變化？當遇到別人表白的時候，妳又是怎樣解決的呢？是直接拒絕了對方，還是答應了他？妳是不是也會煩惱別人到處傳妳和某個男生的緋聞？

　　這時候的妳很在意別人的評價，也開始根據一個人的性格特徵或者外貌特徵來給人取外號。而別人對妳的評價，會對妳的自我認知產生很大的影響，甚至還能影響妳將來的生活。

# 我為什麼不喜歡和男生玩了？

## ？【我的困惑】

小的時候我總是喜歡和鄰居家的小男孩們玩，覺得挺好玩的。可是，現在我越來越覺得他們和我們女生不同了，感覺沒意思，一點也不想和他們玩，我這是怎麼了？

### ➡【敞開心扉】

有段時間妳是不是會覺得自己長大了，覺得自己懂得了很多，懂得了所謂的「男女授受不親」的事情，覺得自己不應該和男生親近，應該要保持一定的距離呢？

我們的小女孩慢慢長大，開始漸漸地懂得了男女之間的感情了。妳現

在也許還在為此事擔心，擔心自己出現這樣的情緒不好，是不是有什麼不正常了，對不對？

　　我的小女孩，先不要擔心。出現這樣的想法是因為妳對男女感情的事情有了一定的瞭解，但是，妳這個年齡層的女孩對這些事情的理解還不全面，容易偏激。

　　這時候妳一定會覺得離男生遠一點才是應該做的，久而久之，妳也就不想和男生在一塊兒玩，會覺得和那些男生沒有共同語言了。

　　其實小時候的我們在和男孩玩的時候，沒有什麼男女之分，彼此都是純粹的玩伴。那時在一起不會有什麼顧慮，總是可以很快地玩在一起，甚至在一起玩的時候還會忘了回家的時間。

　　然而處在青春期的男孩女孩都有了自己的想法，也意識到了「男女有別」，所以妳們往往在青春期開始的一、兩年心裡有很強的性別觀念，這就很容易導致與異性之間的疏遠。

　　雖然表面上很是疏遠，但是在心裡，妳還是對異性充滿了好奇，一方面妳表現出對異性漠不關心，另一方面妳又想要使自己得到異性更多的關注。面對這一系列的變化，男生的心理也逐漸成熟許多，他們在面對女孩的時候也不再像小時候那麼隨便。

　　而且，在這一時期，男生女生的興趣也發生了一些變化。處在這個不斷變化時期的你們，往往會因為興趣不同等原因而鬧出些小衝突，於是，男生覺得女生怎麼那麼麻煩，女生又會覺得男生太不小心。

　　這時候力氣的差別也表現得很明顯，小時候男孩女孩在一起打打鬧鬧沒事，但現在男生稍微加上點力氣就會給女生帶來傷害。扮家家酒的遊戲也不再有了，因為那些「幼稚」的行為你們都在刻意避免。

我們女生一般是偏安靜的，喜歡看書，喜歡看電視劇，喜歡那些溫馨的事情。而男孩們總是閒不下來，喜歡刺激，喜歡冒險，喜歡武打動作，總是粗枝大葉的。因為這些差別，我們自然沒有小時候那麼喜歡和他們在一起玩了。

那麼，在面臨這些事情的時候，我們到底應該怎麼做呢？

首先，我們都是獨特的，我們都是有個性的，沒有任何兩個人完全相同。所以，我們和別人觀點興趣不同，甚至出現無法玩在一起的情況也是時有發生的。妳不用困惑，這是很自然的事情，但是也不要因為這樣就不和其他夥伴玩了。應該找到別人和自己的共同愛好，這樣就可以多一些朋友。

還有就是自己要多多培養興趣愛好，只有擁有廣泛的興趣，才可以和更多的夥伴一起玩，自己也可以在和其他人的相處過程中成長。多多參加學校的活動，讓妳自己成為樂觀向上的小女孩，這才是妳應該做的。況且，實驗證明，男生比女生的思維靈活、行動力強，男生能夠想出女生想不到的事情。所以，多和男生接觸，往往會開闊妳的視野呢。

## 小小提醒

在這裡，我要提醒那些因為這些事情而困惑的小女孩，對自己要有自信，不要因為這些事情而煩惱。這些都只是妳們成長路上的小問題，妳們要拓展思路，開闊眼界，這樣才可以在那些男生面前，顯得更具魅力。

在妳們和男生交流、合作的過程中，也會有一些意想不到的收穫。所以，不要排斥異性，勇敢面對，我相信妳一定可以更好。

# 男生眼裡的我是什麼樣的？

? 【我的困惑】

我總覺得班級裡的男生都好帥，個子也挺高的，還很聰明，每次上課他們總是大膽發言，連老師也經常誇他們想法獨特。

那……我在他們眼裡是什麼樣子的呢？好想知道啊。

➡ 【敞開心扉】

其實青春期的女孩都是特別敏感的，總是會特別注意別人對自己的看法。

在青春期，女孩的自尊心在慢慢地增長，而且這個時候妳們的敏感心思、攀比心理也正在萌芽，所以很容易受到傷害。因為，這個時候的妳們

心理發育還不成熟，容易產生理解偏差。

所以，小女孩，在妳做了一件值得自豪的事情之後，是不是特別想得到別人的認可，尤其是男同學的認可？總是覺得能得到男生的肯定才是真正的肯定？然而，若是沒有獲得別人的認可，妳就會感覺很受傷，覺得自己受到了忽視。有的小女生甚至還會因此悶悶不樂，感覺自己在別人的眼中沒有價值，或是沒有才能，總是擔心別人如何看待自己。

青春期的妳已經有了很強的自我意識，妳開始關注自己在別人眼中的形象，也開始關注周圍的異性，也會在很多的場合刻意表現自己，希望自己能夠得到更多的關注。一旦失去別人的關注，就會覺得自己被冷落了，心情會一下子晴轉陰，來個大變臉。

這時候的妳不願意承認自己是小孩子，開始急切地盼望父母和老師能把妳當成大人看待，也希望得到別人足夠的重視和尊重。

這時候的妳很想脫離父母和老師的管制，想要憑藉自己的力量去探索屬於自己的人生道路，也開始覺得父母、老師越來越煩，妳越來越關注自己，有時甚至會關注過度。追求獨立的想法一直在妳心裡閃現……但這時候的妳一定要學會控制自己的情緒，也要適當地約束自己的行為，千萬不要因為一時的衝動而傷害了真正關心妳、愛護妳的人。

妳也開始希望得到異性的關注了，在喜歡的男孩面前妳總是刻意地表現自己，希望得到他的注意，或者是表現得很平靜，只會默默地注視他……。

妳知道嗎？這些都是正常的現象，很多女生都是這樣的。那麼，妳應該怎樣表現才是正確的，才能讓自己活得更有價值，並且讓自己在男生的眼裡有好的形象呢？

首先，我們可以看看女生在男生心裡都是什麼樣子的。

人的審美標準不同，看待事物的方式也不同，有的男生喜歡善解人意的女生，相對來說，長相就不是最重要的。有的男生欣賞陽光、獨立、有責任感、孝順的女孩。還有的男生喜歡柔弱的女孩，因此這樣的女孩很容易受到男孩照顧。

看了這些男生喜歡的女生類型，妳想成為什麼樣的女生呢？是想成為女強人，還是溫柔女、鄰家女孩，還是可愛小天使？總之，不管妳要成為什麼樣的女孩，有一點是必須要有的，那就是自信。有了自信，妳才會在男生的眼裡成為值得被照顧的女孩。這樣的女孩也是最受歡迎的，我親愛的小女孩，快快加入這個行列吧。

**小小提醒**

妳一定要有自信，不管自己在男生們眼裡是什麼樣子的，妳就是妳，不要因為別人不好的評價就喪失信心。

因為別人的看法而不開心，是不值得的，也是不明智的。如果遇到不開心的事就多和家人溝通，和好朋友傾訴，還可以自己看看書，或是出去走走，這樣慢慢就會好起來的。在生活中，一定要敞開心扉，做個樂觀自信的女孩。

# 我為什麼會想要親近他？

## ？【我的困惑】

班裡有個男生很優秀，既聰明，又善良，還很會打籃球。我也喜歡打籃球，而且我覺得他在籃球場奔馳上的樣子真是太帥了，好喜歡他啊！每次看到他，我都會不由自主地想要親近他，我這是怎麼了？

## ➡【敞開心扉】

正處於青春期的妳們，身體各個部位都在迅速發育，也開始關注起異性，他們的一舉一動都有可能讓妳感到好奇。所以小女孩，妳這樣的情況是很常見的，看來妳是有喜歡的人了，開始懂得欣賞別人的優點，開始有自己的想法了。

　　小女孩先不用急著害羞，還記得我們上節解答的疑惑嗎？這樣的事情是很正常的。

　　妳是不是會在遇到很優秀的男生時，感覺他們好聰明，總想在他們面前展現最好的自己？或者有沒有覺得自己和哪個男生的愛好相同，有共同語言，比如像妳說的都喜歡打籃球，就會想要去親近他？這些情況很常見，讓我慢慢解釋給妳聽吧。

　　在青春期這個階段，女孩都會有自己迷戀的人，看到比自己優秀的男生就特別想要接近，想要和他交朋友。在這個時候，女孩會想要多多地表現自己，想要得到喜歡的男生對她們的讚賞。並且就像妳說的那樣，班裡有個男生很會打籃球，而妳又很喜歡打籃球，這樣妳就更容易喜歡上他，這也是青春期女生經常會有的情況。

　　欣賞對方及想要親近對方，這些都是很正常的。但凡事都要有個限度，不要迷戀得太深，現在的妳應該好好學習，不應該過多地關注這些。

　　我親愛的小女孩，現在的妳還沒有真正懂得如何喜歡一個人，妳只是很欣賞這個男生。因為他的身上有閃光點，而妳又被這樣的閃光點吸引了。

　　我們身邊有很多出色的人，他們有的孝順，有的自強不息，有的不服輸，有的對朋友忠誠，有的敢於擔當，這些都可能是我們喜歡的。這些人身上有我們欣賞的良好品質，這些品質不是美麗的外表可以比得上的，而這些良好品質是我們應該推崇的。

　　但是在我們身邊有好多的小女孩卻迷失了方向，她們會整天胡思亂想，不喜歡聽課，只會想著某個男生，影響了學業……這些都是不明智的舉動，為此使自己受苦，也是很悲哀。我們還有很重要的事要做呢，這只是人生路上的小插曲。

以後遇到這樣問題可以向媽媽求助，我相信媽媽一定會很樂意為妳解答的。妳也可以自己散散心，或是把心思用在學習上，這些都是很好的選擇。

## 小小提醒

生活總是充滿了誘惑，對於青春期的女生來說，如何抵制這些誘惑，是生活中的一個巨大難題。但是只要妳們善於和別人溝通，一切問題就都可以迎刃而解。

在遇到問題的時候向媽媽和老師諮詢，聽聽他們的看法也是不錯的，畢竟他們是過來人，經歷得比妳們多，能夠更好地為妳們提供對策。最重要的就是妳們自己有信心來面對這些，做個堅強的小女生吧，這樣生活才會豐富多彩。

# 我的表白被拒絕了，怎麼辦？

## ⑦ 【我的困惑】

我喜歡上了隔壁班的一個男生，感覺他人好好，就跟他表白了，結果被拒絕了，我該怎麼辦啊？是不是我特別不討人喜歡？

## ➡️ 【敞開心扉】

我的小丫頭，妳有了自己喜歡的人了，而且還表白了呢，說明妳很勇敢，這是值得讚賞的。但是對妳這個年齡層的女生來說，戀愛是沒有好處的，妳應該慶幸自己沒有陷入戀愛的牢籠。

遺憾的是，有的人在被拒絕後一蹶不振，感覺自己就像沒有了自我，整天悶悶不樂，彷彿沒有了希望。有的人會不死心，繼續向那個男生示好，

最終只會讓那個男生越發看不起她，更加不會接受她。

　　幾乎所有的事情都是有兩面的，積極的人看到的會是燦爛的陽光；消極的人看到的就是滿眼的黑暗。

　　其實，被人拒絕也沒有什麼大不了的，這樣的事情會讓我們成長，能讓我們懂得更多，也能讓我們慢慢成熟。被拒絕是成長路上都會遇到的問題，不過這只是一次小小的失敗經歷而已，不要那麼不開心啦。

　　悄悄地告訴妳，姐姐小時候也曾經向班裡最帥的男生表白過，而且結局跟妳一樣，也是被對方拒絕了。當時姐姐心理很難受，每次見到他都低著頭不好意思打招呼。不過再來就想開啦，其實沒什麼大不了的，只是我們當時並不懂得什麼才算是真正的愛情。後來想想，自己為什麼會喜歡他呢？是因為他的學習成績好？還是因為他特別會打籃球？或是他在課堂上的表現很棒，又或者是他個子比較高？

　　青春期的妳總是能看到別人的不同，而這樣的不同也正是吸引妳的地方。不過，姐姐要在這裡告訴妳，妳這只是想靠近、想交朋友而已，並不是妳以為的喜歡或者是愛。

　　這樣想是不是覺得被拒絕其實沒什麼了？這種失敗並不能代表什麼，千萬不要覺得是自己不好，或者是自己不夠優秀。因為這次小小的挫折就否定了自己，這種做法才是真正的失敗呢。

　　丫頭，妳沒什麼不好，其實，他一定也沒妳想像得那麼好。先好好地學習和生活吧，然後某天再回頭看看這段經歷，妳就會覺得這只不過是年少時的一段插曲罷了。如果僅僅因為這次的失敗就覺得自己不好，那才是真正的大錯特錯。

　　丫頭，姐姐相信妳，等妳真正長大了一定會遇到個很溫暖的男孩，他

會照顧妳，對妳好，他會疼著妳，寵著妳，他會把妳當成手心裡的寶貝來呵護。想想以後的那個他，是不是又充滿期待了？

悲傷都是暫時的，過了這段時間，傷口就會癒合了。下次再碰到那個男孩的時候，大膽地打個招呼吧，微笑的妳，才是最美麗也最讓人喜歡的。

### 小小提醒

表白被拒絕其實不算什麼大事。也許現在的妳還沉浸在痛苦中不能自拔，那就轉移一下注意力吧。做些自己喜歡的事情，跟著爸爸媽媽到外面野餐，也可以請好朋友陪妳到公園溜達溜達，過了這段時間妳就會覺得其實真的沒什麼大不了的。

丫頭，妳要相信一定會有那麼一個男孩出現在妳的眼前，然後告訴妳他是多麼在乎妳，或者妳會再次鼓起勇氣對日後心儀的人表白。

丫頭，種種的經歷只是為了讓妳遇到一個更好的他，他一定會出現在妳生命裡，不過，是在妳長大之後。

# 我怎麼做才能不再暗戀他？

**？【我的困惑】**

我有喜歡的男生了，可是很不幸的，他有「女朋友」了，而且他們關係還很好。

我的學習成績因為這件事情退步了不少，我知道我不能再這樣了。但問題是，我不知道該怎麼做才能不再喜歡他、關注他、暗戀他……

**➡【敞開心扉】**

小丫頭，妳有這樣的想法，說明妳是個很理性的小女孩。確實是這樣的，暗戀一個人的時候，妳總是在乎他的一言一行，希望能夠在校園裡遇到他；然而在校園裡真的遇到了，只要他一回頭，妳就又會慌忙轉頭，生

怕被他知道妳在關注他。

在妳最得意的時候，妳想要他看到，在妳最失意的時候，妳最不想讓他看到。在他跟妳說話的時候，妳的心會跳得很快，也不敢直視他的眼睛……這就是暗戀一個人的感覺，這些感覺總是在不知不覺中影響妳的心情。這樣持續下去，妳一定也沒有心情學習了，成績下降就是必然結果。

我親愛的小女孩，妳想要擺脫現在的困境，我真的替妳高興。這說明妳已經瞭解了暗戀的後果，並想要改變。其實，我知道妳心裡很難過，那麼怎樣做才能讓自己好受一些呢？

## 一、自我提醒、心靈暗示法

當我們心情低落時，可以用自我提醒、心靈暗示的方法來調整自己。每天早上照鏡子的時候，給自己一個甜甜的微笑，並且告訴自己「我是最棒的」。一些鼓勵的話，能讓人有活力，而且讚美還會讓人有好心情。

在妳醒來的時候，聽到的第一句話將會影響妳一天的心情。而這句讚美，會為妳帶來一天的好心情。

## 二、轉移注意力

每個人都會有自己最喜歡的事，在做這些事的時候，就會特別有興致，特別開心。那麼，就先把自己暗戀的對象放在一邊，做自己喜歡的事吧！

妳可以把心思放到學習上，讓學習成績的提高來激勵自己。時間長了，妳會發現生活其實是很美好的。

## 三、懂得平衡自己的生活

在生活中，我們要懂得回味那些令自己快樂的事情。妳為那些不開心

的事情整天難過，情緒低沉，傷心，也都是無濟於事的。妳可以把自己不開心的事寫下來，想說什麼都寫下來。事後也不要修改，也不用重讀。

　　當然，如果妳不想寫，妳也可以和自己的媽媽交流，把自己的難過跟媽媽說說，這也不失為一個很好的選擇。

　　生活中不如意的事十之八九，只要堅強面對，迎接我們的就是快樂。不要把所有的事都放在心裡。難過的時候，可以和好朋友，和媽媽溝通，讓他們做自己傾訴的對象。把煩心事都說出來，妳也會慢慢開心起來的。

### 小小提醒

　　當我們遇到不開心的事情時，交流溝通才是我們應該做的。千萬不要一個人承受，那樣只會讓自己意志消沉。要把心放寬，做一個自信、樂觀的小女生。

　　放寬眼界，多看看世界，妳會發現自己其實生活在一個非常美麗的地方。這樣心情好了，學習成績自然就會好。而且，我相信，妳以後一定會遇到屬於妳的白馬王子！

# 我收到情書了，該怎麼處理？

? 【我的困惑】

回家準備寫作業的時候，我在書包裡發現了一封信，是班上一個男同學給我寫的，他說他喜歡我很久了……

我這算是收到情書了嗎？我該怎麼辦呢？

➡ 【敞開心扉】

小丫頭，首先要祝賀妳，因為妳已經長成了一個大女孩，已經開始被人關注並且喜歡了。不過妳也要清楚，這種喜歡，可不是爸爸媽媽在一起的那種有分量的愛情，這只是男孩被異性吸引的表現。

愛情其實是件很美妙的事，現在的妳們開始期待愛情，並開始付諸行

動，想要得到愛情。但是愛情是有前提的，那就是妳們要明白自己身上肩負的責任，一個不負責任的人是無法擁有真正的愛情的。

但是現在的妳們並沒有能力承擔責任，也沒有辦法去照顧別人，妳們的法律意識和道德觀念都還很淡薄，很容易為了讓異性滿意而做出傷害自己的事情。早戀往往都是不成功的，甚至結局會讓妳很痛苦。

現在的妳們已經對自己有了比較深刻的認識，開始根據自己的興趣和喜好選擇交往的朋友。只是這樣做的結果往往會排斥某些同學，妳會因為一個同學跟自己有著相同的喜好而與他每天在一起，也會因為某個人不小心說了一句不太尊重妳的話而對他特別反感，甚至在今後很長一段時間裡都不會再與他說話。

青春期的妳們在感情的掌握上很容易遇到這樣的問題，不過也不要過於擔心，畢竟這是我們每個人都會經歷的過程，只要大膽地面對就好了。

在面對自己喜歡的男生的時候，千萬不要害羞。現在的妳們喜歡的往往只是某個人身上的某種特質，妳們只是被這種特質暫時吸引而已。不如先把這件事情放下，等一段時間，看看自己喜歡的到底是什麼，然後再做出決定吧！

男同學寫情書給妳也許只是因為被妳身上的某一點吸引了，或許很快他就會被另一個異性的另一個特質吸引。寫情書只是一種不太成熟的做法，這種喜歡的感覺往往不會持續很久，更容易曇花一現。所以，丫頭，妳可要淡定啊。

收到情書是不是很開心？心裡是不是覺得滿足？如果妳本來就對這個男生有很好的印象，那麼妳就會更加開心。可是如果這個男孩給妳的印象並不好，妳是不是就會有那麼一點鬱悶呢？也許妳現在心裡已經知道了接

下來該怎麼做，不過，妳不妨先耐下心來聽聽我的方法。

首先要態度堅決。正處在青春期的妳應該拒絕這份還不穩定的情感，不管多麼困難也要大膽地對他說「不」。

其次要注意維護小男生的形象，千萬不要為了拒絕他就把他全盤否定。再差的人都會有優點，婉轉一些的拒絕會更好。

最後就是方式了，妳可以選擇不予理睬或是直接拒絕。當然了，妳也可以回信給他，把不好意思說出口的拒絕寫在紙上傳給他看。不過最好不要讓別人傳話，那樣會讓別人也知道妳拒絕了他，會讓他覺得很尷尬。

不過，即使是拒絕了對方，也不要從此在校園生活中對他不理不睬的，只要像以前一樣就好了。青春期的你們，悲傷來得快，去得也快，這只是你們友誼當中的小插曲，我相信妳一定可以處理好這種關係的。

## 小小提醒

丫頭，要知道妳現在最主要的任務是學習，而不是分心去做其他和年齡不符的事情。學好文化知識，多多鍛鍊自己的身體素質和心理素質才是最應該做的。

收到男生送的情書，只要妳處理得好，就可能在不傷害對方的情況下巧妙地拒絕。而且，你們依然是好朋友，這些經歷在妳以後想起時，嘴角是會掛著微笑的。

# 男孩都喜歡什麼樣的女孩？

**? 【我的困惑】**

男孩都喜歡什麼樣的女孩啊？好怕在他們心裡留下不好的印象，他們心裡到底是怎麼想的呢？

**➡ 【敞開心扉】**

哎喲，小丫頭，妳開始在意這個問題啦？那麼請好好想想，在妳心裡喜歡什麼樣的男孩呢？是不是高高的、帥帥的，最好還是個班長，有著好看的笑容呢？男孩的心裡跟妳的想法其實是差不多的。

俗話說「蘿蔔青菜各有所好」，每個男生喜歡的女孩類型都是不一樣的，但我們來大致分一下類吧！

## 第一類，像大姐姐一樣的女孩

這種女生雖然不一定是班花、校花，也不一定有多麼漂亮，但她們總能很清楚地分析問題，在為別人講解問題的時候也特別有耐心。她還會像個大姐姐一樣照顧比她弱小的同學，時常幫助別人，而且這樣的女孩脾氣通常很好。我想即使作為女生，妳對這樣的人的印象也不會很差吧？更何況是青春期的小男生們呢？

## 第二類，性格柔順的女孩

這種女孩也算不上特別漂亮，但總是笑呵呵的，不管什麼時候都很自信，也很樂觀。這樣的人給別人的第一印象永遠不會差。

## 第三類，乖乖牌的女孩

她們很乖巧，在班上安安靜靜的，也總是很聽話。她們不僅是家長眼中的寶貝，也是老師眼裡的乖學生。她們平時或許有些內向，但也正是這樣內向的性格才讓男孩們產生了好奇，所以，她們也就自然而然地成了引人注意的對象。

## 第四類，長相出眾的女孩

只要看上一眼，就讓人忘不掉她們。不過這樣的女生不是很多，畢竟並不是誰都可以那麼幸運地有著美麗的臉龐。這類型的女孩很容易就能吸引到異性，因為賞心悅目的模樣任誰看了都會忍不住記在心裡。

雖然總結了這麼多的類型，但是男孩的心理，姐姐也不是特別清楚，以上只是個大概。不過可以肯定的是，男孩一定不會喜歡那些穿著奇裝異服，又有很多壞習慣的女孩。想像一下，如果這樣的女孩出現在妳的面前，

妳看了也不會舒服吧，又怎麼會喜歡跟她做朋友呢？

　　妳是哪一種類型呢？其實姐姐總結的並不全面，所以如果妳不是上面的任何一種類型也不用沮喪，這只能說明妳真的是個很特別的女孩，一定會受到額外關注的。

　　丫頭，妳應該知道，這個世界上沒有十全十美的人，所以千萬不要為了一個完美的印象去刻意改變自己。記得有一句話是「世界上沒有完全相同的兩片葉子」，這就說明我們是非常獨特的存在，其實最自然也是最美的。

### 小小提醒

　　每個人都不盡相同，每個人的身上也都有獨一無二的優點，而這些優點讓妳變得與眾不同，所以不要刻意追求完美。

　　這個年紀的妳不該太過在意自己在別人眼裡的形象，總之，要大膽做自己，擁有發自心底的歡笑和最真誠的眼神才是最美麗的。做個自信、開朗、有明媚笑容的溫暖女子吧！

# 我和他不是情侶，但沒有人相信

? 【我的困惑】

最近看到了一篇關於藍顏知己的文章，文中說了很多關於男孩和女孩的故事，好羨慕他們之間的那種友誼。這種友誼是我所嚮往的，而且我感覺自己已經擁有了這樣的友誼。

在班上我也有個知己，但我和他的關係總是被別人傳得好難聽。我心裡很難受，感覺最近都不想和他在一起了，該怎麼辦？這份友誼是我所嚮往的，真的不想失去啊……

→ 【敞開心扉】

先別難過，丫頭，其實在我們身邊時常會有這樣的事情，在我們的成

長過程中，總是會遇到和自己談得很來的異性朋友，這是很好的事情。

當我們和這樣的異性朋友在一起時，兩個人會互相取外號，互相挖苦，彼此也絲毫不覺得對方過分。

當妳完成了一件讓自己自豪的事，被別人吹捧得忘乎所以時，只有他不給面子地潑妳冷水。當妳半夜睡不著的時候，是他在半夢半醒的狀態下，和妳聊天。當妳不開心的時候，他毫無怨言地陪妳看場電影，吃好吃的。

但是當妳有對象的時候，他會遠離，並送上祝福。當妳失戀的時候，他會第一個為妳抱不平。這樣的異性朋友被稱為「藍顏知己」，這是男孩女孩之間的真正的友誼。

我們和「藍顏知己」只是朋友關係，沒有摻雜任何的私欲。我們關心彼此，在關鍵的時刻給予對方正確的建議。因為這是為了對方好，所以不管說得多不給面子，也不會影響彼此的感情。這就是知己之間的相處之道，這就是只有彼此才能理解的友誼。

這種友誼不同於戀人之間的感情，這種友誼是真正存在的，如果妳遇到了就好好珍惜吧！

妳遇到了要好的異性朋友，這是妳的幸運。別人的閒言閒語就不要放在心上了，把這些當成一種挑戰吧。要知道，我親愛的小女孩，妳越在意他們說的話，情況就會變得越來越糟。俗話說得好──「越描越黑」。清者自清，只要你們不把這些閒言閒語放在心上，就沒有什麼可以影響你們了。

現在妳正處在青春期，對感情的事掌握得不好。如果妳覺得這件事確實影響到妳了，那麼從現在開始就把自己的感情投放到生活中吧！

把目光放在日常的美好事物上，放在自己感興趣的事情上，用它們來

轉移視線，轉移妳的注意力。這樣隨著時間的流逝，謠言也就煙消雲散了。而且，這樣做還保護了友誼，何樂而不為呢？

## 小小提醒

妳總是會遇到一些事情，當遇到了自己解決不了的問題時，先不要著急，靜下心來好好想想。如果自己解決不了，也不要灰心，妳還可以跟媽媽嘮叨嘮叨，畢竟媽媽是過來人，她自己有很多的經歷。我相信，媽媽一定會幫妳解答的，說不定媽媽從前也經歷過類似的事情呢。

# 我該怎樣和男生交朋友？

❓【我的困惑】

我害怕讓男同學留下不好的印象，但又想跟他們在一起玩，那我該怎麼和他們溝通，或者說，我該怎麼和他們交朋友呢？

➡ 【敞開心扉】

丫頭，這個問題姐姐當年也遇到過，想和男生一起玩，但是又害怕他們把自己當成男人婆，不和他們一起玩又覺得自己的交際範圍只侷限在女生當中太狹窄，這種感覺很矛盾。

再加上老師和爸爸媽媽一直在觀察我們的一舉一動，生怕一個不小心和男同學發生點什麼事，就傳到他們的耳中……其實，這種顧慮很多女生

都曾有過，只不過大家都是在心裡糾結啦。

不過，姐姐倒是真的知道該怎麼跟男生交朋友，所以妳趕快來學學吧！

青春期正是妳們心理和生理不斷發育成熟的重要時期。伴隨著生理發育，妳們會不自覺地吸引異性，也會對異性產生好感和愛慕之情。

妳們想和小男生交流，並且希望能和他們成為很好的朋友。然而事實上，這裡面還存在著一個問題，那就是關於友情和愛情的界線問題。小丫頭，妳可一定要掌握限度哦，千萬不要一不小心就越過了界線。

首先不要覺得不好意思。要像對待同性朋友那樣去對待異性朋友，如果從一開始就對異性有不同的態度那就不對了。你們本來就是朋友，而朋友是沒有那麼明白的性別之分。不好意思和過於謹慎的態度只會讓對方覺得彆扭，還會懷疑妳是不是真心交朋友，所以一定要注意這個問題。

其次，就是不要太過隨便了。畢竟男女有別，有時候妳的大剌剌會讓男生望而卻步，讓人有男人婆的形象可不太好。舉止大方、自然，不要過於拘謹或過於隨便，只要將異性當成普通的朋友就好了，不需要有絲毫彆扭和拘束。只要自然地向別人展示自己就會有許多人跟妳做朋友。

千萬不要為了什麼而改變自己的外貌或是對善惡的評判標準，合群是好事，但是總是隨波逐流就不是好事了。

最後就是要注意，不要對男同學太過冷淡或太過熱情。人家跟妳說話妳才回答，人家不說話妳就不理人，這樣是不對的。不要太過冷淡了，否則班級的性別之分就會更加明顯。

當然了，也不能太過熱情，重色輕友就是這麼來的。畢竟妳是一個女孩，過分熱情只會引起同學們的議論，這樣豈不是更加煩惱？

丫頭，姐姐講的妳記在心裡了沒有？男女生也可以好好交往，女孩和

男孩之間也是存在真正友誼的，並不是只有互相愛慕的關係，還有好朋友和好同學的關係呢。所以在與男同學交流的時候不要有太多顧慮喲，把握好分寸就好了。

## 小小提醒

很多女孩都有許多顧慮，但姐姐要告訴妳們，交朋友是不需要有顧慮的。男生也好，女生也罷，只要妳是真誠地交朋友，那就不需要有任何顧慮，但是要好好地掌握分寸的問題。

雖然分寸只是在我們心裡形成的一種安全界線，並沒有明文規定，但小丫頭們可要自己注意啊。畢竟對於友情和愛情，妳們的理解還不夠全面。不過也不需要感到擔心害怕，只要在平時多加注意就可以了。

# 早戀很不好嗎？

**？【我的困惑】**

班上的兩位同學被老師發現談戀愛，老師還叫了他們的家長來學校談話，我看到他們兩個人都哭了……為什麼大人們都不支持早戀啊？戀愛很不好嗎？

**➡【敞開心扉】**

丫頭，妳們班上已經有早戀的現象了啊？

從妳的角度看也許早戀並不是什麼壞事，從嚴格意義上來說早戀是件很平常的事情，但是早戀往往所帶來的危害會大於它帶來的好處，所以才讓老師和家長這麼重視，甚至還要把家長請到學校談話。

　　想要知道早戀到底哪裡不好，大人們為什麼不支持早戀，就要先從早戀的概念開始瞭解，丫頭，要耐著性子看完喲。

　　早戀也被稱作青春期戀愛，從這個稱呼上可以看出，早戀一般是未成年人建立的戀愛關係。早戀的行為其實很正常，很多人在青春期都有過暗戀，或是向喜歡的人表白過，有的人還會確定戀愛關係。

　　在西方，人們對早戀的看法沒有東方家長那麼嚴肅，他們把早戀當成一種正常現象。雖然是這樣，但是仔細想想，早戀確實有危害，所以沒辦法讓我們的父母放心。

　　早戀一般很朦朧，妳不知道自己為什麼會只想跟他在一起，也好像從來沒想過未來，當然也沒想過要組建家庭。這種感情徘徊在友情和愛情之間，所以早戀一般都沒有結果。

　　除了朦朧，早戀還特別讓人矛盾。不知道丫頭妳是不是有過這樣的經歷，心裡特別想跟一個人在一起，但是又害怕被老師和家長發現。你們總是在暗地裡交往，這樣做不僅耗費大量的精力，還容易造成學習成績下降。如果很喜歡一個人，但又不敢表白，那麼妳會沉浸在一種更加矛盾的心理狀態中。

　　那早戀的危害又有哪些呢？

　　首先，最明顯的就是早戀造成情緒上的不穩定。這時候的妳看到別的女生跟心儀的他交談或是玩鬧就會覺得不舒服。小男生之間甚至很有可能因為愛戀的對象而發生鬥毆的現象。面對這種情況，女生很容易產生消極的情緒，這種情緒會逐漸影響身體，很有可能會引發低血糖和消化道疾病。

　　其次，早戀很容易造成心理上的鬱悶。早戀既能帶來好心情，讓妳覺得幸福甜蜜，也會給妳帶來一定的煩惱。比如當有來自老師和家長的壓力

時，妳就很容易從心理上覺得不舒服，長此以往必然會造成很大的影響。

除了情緒和心理上的問題，早戀的孩子們還很有可能過早地發生性行為，但是這個時候的你們又沒有能力負責，這樣無論對誰都是不好的。所以，在你們還沒有能力承擔責任的時候，千萬不要做不合時宜的事情。

最後就是家長和老師最關心的學習成績問題了。雖然早戀在一定程度上可能會激勵兩個人共同學習、共同進步，但是在大多數的情況下，早戀會使人的學習成績下降，還會造成人的叛逆心理，因此老師和家長才會格外地提高警惕。

### 小小提醒

如果妳正在談戀愛，那也不要害怕，丫頭，首先妳要提高自我保護意識，千萬不要做出越線的事情來，畢竟現在的你們根本沒有辦法承擔責任和後果。

其次要儘量使早戀不影響妳的日常生活，尤其是學習成績，爭取兩個人朝著未來一起努力。

最後，就是一定要認真地對待自己的戀人，還要注意培養自己良好的心理承受能力。這時期的妳如果還沒有戀愛，就儘量避免吧，畢竟有時藏在心裡的感情才能永遠保持純真和美麗。

# 我喜歡老師了怎麼辦？

**？【我的困惑】**

我喜歡上我的英文老師，他懂很多並且對同學們很好，人長的帥又幽默，每次上他的課，我都認真聽課，積極回答問題，總覺得這樣能吸引他的注意力。可是我知道喜歡老師是不對的，我該怎麼辦啊？

**➡【敞開心扉】**

丫頭，其實喜歡老師也是很普遍的現象，先不要急著煩惱，畢竟現在的妳們還分辨不清什麼是仰慕，什麼又是愛情。

妳們每天在學校，除了見到自己的同學之外，恐怕見得最多的就是老師了，跟老師朝夕相處很容易會對老師產生感情。但是這種感情又介於友

情和愛情之間，它和朋友之情不一樣，但是又談不上是愛情。這種感情很微妙也很讓妳糾結，這其實是很正常的現象，簡單來說妳這是很仰慕老師。

丫頭，妳是不是覺得老師很厲害？他每次都能解答妳的問題，對妳還特別有耐心，甚至比爸爸媽媽還要關心妳的生活和學習。有時妳更喜歡和老師溝通而不是跟父母溝通，這樣久了妳自然會覺得自己已經深深地被老師吸引而喜歡上了老師。

不過妳這種感情只能停留在遠遠看著他的程度，因為妳並不知道老師是什麼樣的人。他關心妳的生活和學習，更多的時候是出於老師的職責。老師被稱為園丁，妳們是園裡的花朵，老師的職責就是照顧好每一朵還未綻放的小花，而妳恰恰是其中的一朵。這樣想一想，是不是明白了一些？

老師往往是比妳們年長許多的人，他們的言談舉止會比班上的男生得體得多，他們也更懂得照顧女孩的情緒。往往出於一種對年長者的依賴，妳們會想要靠近老師，也會喜歡上老師，但是這種情感裡把老師當成父兄的成分太多。好好想一想，妳是不是覺得他在的時候特別安心？就像是哥哥或爸爸在妳身邊時一樣？

妳的這種喜歡我完全能理解，不過這是一種單相思。因為老師除了是老師之外，一定也有屬於他自己的生活，而妳們往往是在他生活之外的，所以師生戀的成功機率很小，基本上是零。妳一定要清醒地認識到這一點，或者仔細觀察一下老師在平時是什麼樣的人，也許他的形象並沒有妳想像得那麼高大。不管怎麼說，如果一個老師被同學喜歡、仰慕，那他作為一個老師是很成功的。

雖然喜歡老師這種行為我不鼓勵，但上課認真聽講和積極回答問題是妳應該做的喲。千萬不要因為他是妳喜歡的老師，妳才刻意地表現自己，

而其他老師的課堂，妳就變得消極不認真了。其實每一位老師都是很關心妳的，作為一名學生，要在每節課上都好好聽講，認真地做筆記還要積極回答問題，這樣才是一個讓老師喜歡的好學生。

　　喜歡老師也不必煩惱，這只是青春期的小插曲，說不定以後妳還會喜歡上另一位老師，但這種喜歡與異性之間的相互吸引是有很大差別的，妳一定要分清楚。

### 小小提醒

　　老師在學生心中一直有著很好的形象，尤其是那些能在課堂上帶動學習氛圍的老師，如果這時候他再對妳有些額外的關注，妳很容易就會喜歡上他。

　　但是這種喜歡是片面的，妳只是覺得他很厲害。也因為他的年長而覺得有他在會很踏實，這是種依賴感，就像我們依賴爸爸媽媽一樣，爸爸媽媽不在身邊妳就開始依賴老師了。丫頭，妳可千萬要注意嘍！

# 我特別崇拜一個人！

### ？【我的困惑】

我有一個特別崇拜的人，她是個大明星，唱歌超級棒的，我特別喜歡她，我也想成為她那樣的人！

### 【敞開心扉】

呀，丫頭有了自己崇拜的人啦？她是不是有一些特質吸引了妳？這種崇拜心理是很正常的，人都會在不同的年齡層去崇拜不同的人，但是妳崇拜的這些人有一個共同點，那就是比妳強大。想想也對，誰會崇拜那些身上沒有優點，比自己不好的人呢？

雖然崇拜能對我們的生活和學習產生很大的正面影響，但是它也能產

生負面的影響。而我們需要做的，就是在不斷放大正面影響的同時，儘量地避免負面影響發生。

讓我們回憶一下，小時候的妳是不是覺得爸爸媽媽很厲害？他們會做很多的事情，還會為妳準備好一切，幾乎能解決妳所有的問題，他們偶爾還會說些妳似懂非懂的話，所以妳以前會很崇拜自己的父母。

可是進入青春期後，妳會突然發現，原來世界這麼大，還有這麼多有才能的人。漸漸地，妳開始對很多事情有了自己的看法，妳渴望能夠獨立生活，開始想要逃離管束和嘮叨，這種時候的妳往往開始崇拜一些有反抗精神的人。

他不一定有多麼漂亮或是帥氣，但是他敢作敢當，能做出很多看起來很酷的事情。於是這樣的人成為了妳的崇拜對象，但其實妳只是為兒時崇拜的父母找到了一個替代者。

在青春期裡，妳們可能會為了心中的偶像做出一些很荒唐的事情。可以為了看他的演唱會而徹夜不眠，可以為了一張演唱會門票存好久的錢，也可以為了見他一面而蹺課，甚至一個人出遠門。妳在做這些事情的時候比較盲目，只是一味地想要靠近自己的偶像並且模仿他們的行為，並不會去想這樣做是不是正確的，也不會分辨這樣做的影響是什麼。

丫頭，妳可不要盲目崇拜呀！

成年之後，妳們的分辨能力會增強，這時妳就會發現以前的偶像沒有那麼耀眼，妳也很久沒有關注過他了。而這時候崇拜的人往往是妳生活中的榜樣，他們身上的某種特質深深地吸引著妳。妳並不會像之前那樣，只關注偶像的外表或是行為。

丫頭，崇拜一個人要挖掘他身上的優點，要崇拜一個能給自己當榜樣

的人，而不僅僅是因為外表或是歌喉就崇拜他。妳們要做的，就是把自己訓練成擁有好品質的人，注意自己的處事方式，做到問心無愧，說不定哪天妳也會成為被別人崇拜的對象。

## 小小提醒

崇拜是一種很正常的心理現象，但最重要的是妳們不能盲目崇拜，也不能盲從，要保持清醒的頭腦，而不是成為狂熱的粉絲，更不要為了誰去做傻事。被妳崇拜的人身上一定有跟別人不一樣的地方，妳要學習他身上的優點。

其實，妳應該給自己樹立一個可以實現的目標，然後為之努力，這樣妳也能變成一個優秀的人。妳不能只看到偶像的光鮮亮麗，更重要的是要能夠從他們的人生經歷中找尋自己欠缺的部分，讓自己變得更加完美和強大。

女孩不好意思
問的事

# THE THINGS
# GIRLS FEEL SHY
# TO ASK

# CHAPTER 4

## 「性」並不神祕

　　小女孩，妳知道自己是怎麼來到這個世界的嗎？電視裡總是會演情侶親吻的鏡頭，然後女主角就懷孕了，難道妳真的是爸爸媽媽親吻之後，就來到這個世界的嗎？妳有沒有想過，為什麼有的爸媽會生下男孩，而妳的父母生的卻是女孩？妳有沒有發現，在妳的身邊還有長得一模一樣或者非常相似的雙胞胎？他們的父母為什麼會那麼厲害呢？

　　古裝電視劇裡經常會出現「貞操」這個詞，那妳知道什麼是貞操嗎？面對別人對我們的侵犯，我們又應該怎麼保護自己呢？

　　這些問題，是不是弄得妳暈頭轉向？妳想要知道這些是怎麼回事嗎？那就趕快看看姐姐給妳的解答吧。

# 爸媽親吻就能生下我嗎？

**？【我的困惑】**

電視劇裡常常有親吻的鏡頭，一轉眼，女主角就懷孕了。親吻是不是就會懷孕呢？真的是爸媽親吻之後就生下了我嗎？

**→【敞開心扉】**

哎呀，有些電視劇裡的鏡頭不僅「兒童不宜」，並且還容易誤導人！不過，妳看的電視劇也沒什麼不健康的內容，不然妳就不會問是不是親吻就能懷孕了！

其實，電視劇、電影裡只表現了男女親吻的畫面，而把真正讓女人懷孕的事給省略了，妳不瞭解女人是怎麼懷孕的，自然就認為男女親吻就能

讓女人懷孕。

親吻當然是不能讓女人懷孕，不然這世界會多恐怖、多混亂啊！有些國家還有親吻禮呢，如果親吻就能懷孕，妳想想，嚇不嚇人⋯⋯

那要怎樣才能懷孕呢？這個問題就深了。不過，透過前面幾章的鋪墊，這個問題講起來也並不麻煩。在第一章裡我們已經瞭解了女性的生殖系統，第二章我們又大概瞭解了男性的生殖系統，而懷孕的奧祕，就在男人女人的生殖系統裡。

懷孕，就是母體內有了寶寶，而寶寶可不是一下子就出現在母體裡的，寶寶的最初形式是受精卵。

受精卵是什麼？是女人身體裡本來就有的嗎？當然不是。所謂的受精卵，是由男人提供的精子和女人提供的卵子結合而成的，這需要男人和女人的共同參與。

精子是男人的生殖細胞，卵子是女人的生殖細胞，它們在女人的生殖器官裡相遇，結合之後變成受精卵，這個過程還有個名字，叫作「受孕」。受精卵會不斷運動，最後運動到子宮中，附著在子宮內膜上，這個過程叫「著床」。

當受精卵成功「著床」後，女人就算是懷孕了，之後受精卵會在子宮中不斷發育。女性懷孕十個月左右時，受精卵發育為成熟的胎兒，呱呱墜地。

妳是不是還有些搞不清楚？別著急，精子和卵子還沒跟妳講呢，後面再細說給妳聽。到這兒，妳應該知道懷孕跟親吻沒什麼關係了吧，也該知道懷孕需要男女生殖器官的參與。而且妳是不是覺得很神奇，原來我們的生命是從受精卵開始的，一個微小的受精卵竟變成一個高大聰明的人，想

想都覺得不可思議！

　　小丫頭，在接下來的介紹中我會替妳解答那些妳似懂非懂，或是完全沒有概念的有關「性」的問題，妳可要做好準備啦！

### 小小提醒

不能因為親吻不會懷孕就偷偷地與男孩親吻呦！

　　初吻是很美好很浪漫的，也是女孩一生中最美的體驗，當然不能胡亂就交付出去。而且，處於青春期的男孩女孩總是渴望瞭解和觸碰對方的身體，這很容易犯錯，而接吻就常常是錯誤的開端。

　　所以女孩一定要學會保護自己，要把最美好的事留到最合適的時間。

# 精子怎麼會是「小蝌蚪」？

? 【我的困惑】

生理課上老師提到了精子和卵子，還說它們兩個很特殊。那麼精子和卵子到底是什麼呀？我還聽說精子就是男孩身體裡的「小蝌蚪」，這又是怎麼回事？

→ 【敞開心扉】

精子和卵子結合成的受精卵就是生命的起點，而作為生殖細胞的精子和卵子自然是相當特殊的，丫頭，要耐著性子看完喲。

前面已經提到了精液，而精液是由精子和精漿組成的，精子是由男性的睪丸產生，精漿就是精子的營養物質。沒錯，精子是小蝌蚪形狀的，不

過這種小蝌蚪是不會變成青蛙的，不然多嚇人。

精子有四部分，分別是頭、頸、體和尾。頭部主要由細胞核和頂體組成，什麼是細胞核呢？在生物課上老師會提到，細胞核就是細胞中最最重要的一部分，就像心臟一樣，在這裡我就不過多地解釋啦。精子的頸部比較短，就像人類的脖子一樣，它也被稱為連接段。精子的體部含有大量線粒體，可以提供能量。精子的尾部就是長長的尾巴，精子的長尾巴可以讓精子自由活動，是不是跟小蝌蚪一模一樣的？

而卵子是由女性體內卵巢產生的，在我們還在媽媽肚子裡的時候，我們的卵巢裡其實就有卵子了，卵子是個圓球，是我們人類體內最大的細胞。

卵子的外面有一層糖蛋白的外被，它的作用就是保護卵子。每一個卵子都只允許一個精子進入，就像是通行證一樣，一旦有一個精子進入，其他的精子就會被隔離在外面。

男生和女生從進入青春期開始就會分別有成熟的精子和卵子排出，女生每個月排出一個卵子，但是精子大約三天就可以成熟一批，並且數量驚人，往往上億。

因為只有一個卵子，所以精子們的競爭很激烈。一旦精子和卵子相融合就會形成受精卵，而受精卵會經過一系列複雜的變化最終發育成小寶寶，是不是很神奇？

精子會像小蝌蚪一樣運動，但為什麼精子可以得到這種能力，而卵子就只能乖乖地等著呢？這就要提到精子活能化反應了。

精子活能化反應就是精子進入陰道後，發生了一系列的特定反應，使精子具有了真正的受精能力，之後精子才能參與受精這個過程。獲能之後的精子就像是開啟了新的模式，活能化可以去除精子表面的覆蓋物，增加

精子的活力，使精子能夠與卵子結合。

那精子是怎麼活能化的呢？精子要先進入陰道一段時間，之後才能具備受精的能力。活能化的本質就是讓精子可以順利進入卵子，沒有經過活能化的精子是無法和卵子結合的，可見精子活能化是件很重要的事情。

在經過了活能化之後，精子會變得精力充沛，又開始了新一輪對卵子的競爭。成千上萬的精子一起游向卵子的場面一定很壯觀，有興趣的話可以上網搜尋一下圖片和小短片，就能更好地理解精子的運動和受精的過程。

## 小小提醒

精子和卵子是人體內兩種很特殊的細胞，它們是否健康會直接影響到小寶寶，所以平時我們要注意身體的健康，發現問題及時諮詢，以防發生難以彌補的遺憾。

環境及不健康的生活習慣都有可能對精子造成影響，而不良嗜好和婦科疾病也會對卵子造成影響。所以要從現在起注意自己的身體情況，為以後打下堅實的基礎。

# 睪丸和卵巢是什麼？

## ？【我的困惑】

睪丸產生精子，那睪丸是什麼樣子的啊？還有卵巢！卵巢的作用就是產生卵子嗎？卵巢又是什麼樣子的？

## ➡【敞開心扉】

丫頭，還記不記得我們在前面提到的陰囊呢？睪丸其實就在陰囊裡，左右各一個，不過一般左邊的睪丸要比右邊的低一些。睪丸就像是橢圓形的雞蛋，表面也很光滑，睪丸會從男生出生開始不斷地發育成長，成熟之後，也會隨著年齡的增大而逐漸萎縮。

睪丸的表面有一層厚厚的纖維膜，叫作白膜，睪丸內含有許許多多的

小管道，叫作精曲小管，這裡的精指的就是精子。精曲小管的上皮可以產生精子，然後透過這些小小的管道將精子輸出。整個睪丸的內部就是一個步調協調的大型的精子生產廠，每根精曲小管就像工廠裡的流水線一樣，源源不斷向外運輸精子。

　　睪丸屬於男性的內生殖器，這點我們已經在第二章提到過了。如果兩個睪丸的位置差別不是很大那就是正常現象，如果差距很大就有問題了。

　　丫頭，妳猜猜睪丸產生的精子總數是多少呢？那可是妳無法數清的數字。在一個男性的一生中，睪丸可以產生大約一萬億個精子，比卵子的數量多太多了。不過精子的產生很容易受到溫度等因素影響，空氣品質和化學物質都可能對它造成影響，這樣看來精子也很脆弱。

　　下面來說說卵巢吧。

　　卵巢是位於女性盆腔內的一對生殖器官，卵巢組織由皮質和髓質構成。皮質在外層，其中有數以萬計的原始卵泡及緻密結締組織；髓質在中心，無卵泡，含疏鬆結締組織及豐富的血管、神經、淋巴管等。

　　卵細胞（即卵子）是由卵泡產生的，這是卵巢的功能之一。女嬰出生時，每一卵巢內約含 75 萬個原始卵泡，隨著年齡的增長，絕大部分原始卵泡逐漸解體而消失。從青春期開始，每月有一定數量的卵泡生長發育，但通常只有一個卵泡成熟（大約經歷 28 天），並且排卵。

　　無論是卵巢還是睪丸，都是人體很重要的器官，任何一個出了問題都會直接影響下一代的繁育，所以它們的健康至關重要。

## 小小提醒

好像這一章的內容都有那麼一點點難懂，丫頭，妳是不是已經有了新的困惑？那就接著學習下去吧！能由一個問題產生另一個問題，才是勤學好問的女孩。

有些問題爸爸媽媽也不好解釋，所以會出現善意的謊言，不過這也是因為他們怕妳理解不了。認真地翻翻姐姐的這本書，很多問題都可以找到答案！

# 精子和卵子「最美的相遇」

? 【我的困惑】

我知道了精子和卵子是怎麼一回事，可是它們是怎麼遇到彼此的呢？是一下子就遇到的還是經歷了什麼？

➡ 【敞開心扉】

丫頭，精子和卵子的相遇可說是一場最美的相遇喲，精子是經過了重重磨難才和久久等待的卵子相遇的，快快豎起妳的耳朵聽姐姐說吧。

男子用勃起的陰莖將精子送入女子體內，這種行為被稱為「性交」，也可以稱為發生「性行為」「性關係」或者是過「性生活」。不過在這裡要提醒一句，現在的妳們是不能發生性行為的，因為妳們年紀還太小啦。

　　言歸正傳，精子是由男性的睪丸產生，成年男子每天都可以產生上億的精子，當精子進入女性的陰道之後，就會努力地向前游去。

　　不過並不是每個精子都精力充沛，就像人一樣，有的人身體好，有的人身體差，精子中那些體質不好的就會在競爭中被淘汰，而那些體質好的精子在經過了幾個小時的游泳之後，終於到達了女性的輸卵管。

　　這時候的卵子已經在輸卵管裡等著到達的精子了，卵子被透明帶仔細地保護著，就像是一個在等待騎士的公主一樣靜靜地待在那裡，終於有精子找到了它，於是第一道關卡就出現了——就是那層透明帶，要想得到公主，就必須穿過那層厚厚的保護膜。這時候精子會用頭部使勁地往那層透明帶裡鑽，細長的尾巴不斷地拍打著為自己加油。

　　然後精子就會慢慢地進入透明帶內，一旦有一個精子成功進入，卵子就會阻止其他精子的進入。最後，公主和第一個進入透明帶的騎士幸福地生活在一起，也就形成了受精卵。

　　我們人類有 46 條染色體，染色體上的遺傳基因決定了我們的性格、膚色、身高等等一切的特徵。而精子和卵子中各有 23 條染色體，精子和卵子一旦結合就會成為擁有 46 條染色體的受精卵，這也就說明了我們的外貌、性格其實是受到了爸爸媽媽兩個人的共同影響。

　　丫頭，現在妳該知道精子和卵子是如何相遇的了吧？精子遇到卵子，就像騎士經過千辛萬苦才和公主在一起一樣。而他們相遇之後會奇蹟般地融合為一體，於是形成了受精卵，受精卵就是生命的開始。

　　卵子受精之後就會開始分裂，由一個變成兩個，再經過大概 12 個小時變成四個，然後慢慢地增加數目，這時候就會形成一團細胞，經過四天的緩慢移動，這團細胞才會到達子宮，之後它就會鑽進子宮內膜，繼續生命

的發育。然後經過十月懷胎，我們就會從媽媽的肚子裡出來，再慢慢長大成人。

### 小小提醒

精子和卵子相遇形成受精卵，而受精卵就是我們還在媽媽肚子裡時最初的樣子。

精子努力地向前游才能和卵子遇到，中間出的任何差錯都會對受精卵造成影響，可見我們能出生是多麼幸運呀，所以要好好地照顧自己。

# 生男生女由誰決定？

## ❓【我的困惑】

電視劇裡，女主角沒有兒子的話就會被人說是肚子不爭氣，那生男生女，真的是女人的肚子決定的嗎？

## ➡【敞開心扉】

丫頭會因為電視劇的情節而發問，真是厲害呢！

這個問題其實在以前一直困擾著很多的媽媽，因為以前的人總覺得生不出男孩，一定是女人的問題，因此，一個女人如果沒有生兒子往往會被人說閒話，其實這是不符合科學的。

這種現象的產生是因為男尊女卑的思想根深柢固，所以在發生了什麼

事情的時候，人們就會把過錯算到女人身上。

　　生男生女一向是人們最關心的問題之一。很多人都想根據自己的想法生男孩或者女孩，很多人都認為只有男孩才能為家族開枝散葉，傳宗接代，這種情節在電視劇裡很常見。

　　其實這種觀念主要是受封建思想的影響，也是毫無根據的！一旦女人生了女孩還會被婆婆數落，有更慘的還會遭到丈夫的嫌棄；但是一旦女人生了男孩，她的地位就會提高，那些古裝劇裡面就有很多母憑子貴的情節。

　　其實生男孩還是生女孩，決定權是在男性手裡的。前面一節我們提到了染色體，在妳們的生物課上會學到這個名詞。

　　染色體中有一對是決定我們性別的，我們也知道了我們身上的染色體有一半來自媽媽，一半來自爸爸。然而我們的性別卻是由來自爸爸的染色體決定的，所以生男生女是和女性沒有關係的。只不過女性在以前一直都是弱勢群體，因此才會在生不出男孩的時候被別人數落，好在現在很多人都已經知道了生育的奧祕，也就不會去責怪女性啦。

　　然而，就算人們知道了生育的奧祕，還是有很多人想要按照自己的意願去得到兒子或者女兒，其實這是非常不明智的。因為染色體的結合是隨機的，也是我們人類控制不了的。如果能控制胎兒的性別那還了得！一定會造成性別失衡，到時候還會帶來許多問題呢。

　　現在，妳總算知道生男生女是誰決定的了吧！

## 小小提醒

現在的妳已經逐漸對我們是從哪裡來的有了一些認識吧？下次別人問妳相關問題的時候，妳就可以把姐姐在書裡提到的事情告訴他。

其實有很多的手段可以知道媽媽肚子裡的寶寶是男孩還是女孩，不過這種做法在一般情況下是不被允許的，因為如果希望自己能生個兒子，卻發現肚子裡的是個女兒，也許就有人會做出殘忍的事情。其實，男孩和女孩都是一樣好的。

# 雙胞胎是怎麼回事？

？ 【我的困惑】

媽媽只有我一個孩子，可是為什麼有些媽媽可以生雙胞胎？我們班上就有一對雙胞胎，長得很像，還很可愛耶。

【敞開心扉】

妳的身邊是不是不常見到雙胞胎呢？這是因為一般情況下女性身體內每次只會出現一個成熟的卵子來與精子融合形成受精卵。而雙胞胎有兩種形成的情況，其中一種就是異卵雙胞胎。

這種情況是女性身體內同時出現了兩個卵子，於是就會產生兩個獨立的受精卵，經過複雜的生理變化之後，這兩個受精卵發育成兩個小寶寶，

然後小寶寶出生就是雙胞胎了。

還有一種情況也會有雙胞胎產生，這種情況更加少見，叫作同卵雙胞胎。從字面意思我們就能看出來，在這種情況下，兩個胚胎是由同一個受精卵分裂成的。

妳是不是已經發現了，有些雙胞胎無論長相還是性格都很相像，他們再穿上一樣的衣服簡直是完全一樣。可是有的雙胞胎的容貌卻不怎麼一樣。還有的是龍鳳胎，那就更不一樣了，這又是什麼原因呢？

異卵雙胞胎的長相往往差別很大，還有可能是異性的，也就是龍鳳胎，這和遺傳基因有很大的關係。而同卵雙胞胎出自同一個受精卵，所以他們有著完全一樣的遺傳基因，也因此才會特別相像。

我們常常把雙胞胎中出生在前面的孩子當成是第一個孩子，而後出生的孩子就是第一個寶寶的弟弟或妹妹。當然啦，這樣會讓稍微晚一點出生的孩子很不服氣，因為要叫跟自己一樣大的孩子哥哥或姐姐。

不過，雙胞胎也會給準媽媽帶來較多的麻煩。因為兩個寶寶會需要更多的營養，同時帶來更加強烈的早孕反應，嘔吐、頭暈、失眠都是很明顯的，有的準媽媽還可能出現呼吸困難的情況，骨痛也很常見。

媽媽懷雙胞胎比懷一個寶寶體重增加得更多，到了懷孕的後期，醫生就會限制準媽媽的一些活動，體育鍛鍊、工作、旅行都會被限制，畢竟肚子裡住著兩個小寶寶，需要更加慎重。

### 小小提醒

雙胞胎寶貝有很多相似的地方，有時候可以透過其中一個患病的情況來推斷另一個孩子的身體隱患，進而及時治療。

雙胞胎在一起特別可愛，但這背後付出最多的就是媽媽了，媽媽肚子裡住一個小寶寶就已經很累，更何況是兩個呢？沒有媽媽十月懷胎的辛苦就沒有可愛的寶寶，所以丫頭，要乖乖聽媽媽的話，也要開始學著關心媽媽，照顧媽媽啊。

# 試管裡還可以長出孩子嗎？

? 【我的困惑】

上課時老師提到了試管嬰兒……我覺得很奇怪，試管嬰兒就是在試管裡長大的孩子嗎？可是試管那麼小，還是用大號試管啊？

➡ 【敞開心扉】

丫頭，妳的想法很有趣，不過試管嬰兒可不是在試管裡長大的孩子喲。試管那麼小，怎麼能養育一個小寶寶呢？就算有大號的試管，那小寶寶被困在玻璃試管裡，要怎麼健康發育呢？

試管嬰兒實際上就是在人體外進行受精，然後再把受精卵轉移到媽媽的子宮裡進行孕育，最後長成出生的小寶寶。

　　一般情況下，受精的過程都是在媽媽的體內進行的，而試管嬰兒受精的過程卻是在媽媽體外進行的，所以才得名試管嬰兒。這個名字是不是很形象呢？第一個成功的試管嬰兒案例發生在 1978 年，這在當時被稱為是人類醫學史上的奇蹟，因為它把在體內才能完成的工作第一次轉移到了體外。在當時，根本沒有人能想到這個方法竟然可以幫助那些無法生育的夫妻。

　　前面提到，一般情況下人們是不需要透過試管嬰兒來得到自己的小寶寶。選擇試管嬰兒，往往是因為夫妻雙方或一方的身體有問題。妳一定也曾看過報導不孕症的新聞吧？有些女性先天或是後天喪失了懷孕的能力，在經過了一系列的治療之後也沒有取得任何成效，她們想生寶寶的想法又依然強烈，所以就只好採用試管嬰兒的方法。雖然試管嬰兒也是種不錯的方法，但是花費很大，而且也不是百分之百都能成功。

　　體外受精需要從女性和男性的體內分別取出卵子和精子，然後把精子和卵子放在特殊的培養基上，之後就要它們自然結合形成受精卵，不過這樣做失敗的機率很大。

　　想要養育一個小寶寶可是件不簡單的事情呢。在取卵子時還有可能會對女性的身體帶來傷害，造成膀胱損傷或卵巢出血，情況嚴重的，甚至還需要動手術止血呢。可是為了養育自己的小寶貝，媽媽們都堅持了下來，是不是很勇敢也很偉大？

　　在經歷了漫長的等待和多次的失敗之後，受精卵才會被轉移到媽媽的子宮裡好好發育，但這之後還是可能會流產。不過為了得到自己的孩子，這些事情在媽媽的眼裡都不算什麼啦！在爸爸媽媽的眼裡，沒有比養育自己的寶寶更重要的事情。

　　講了這麼多，妳該明白什麼是試管嬰兒了吧？

## 小小提醒

媽媽和爸爸為了養育自己的小寶貝往往不惜一切代價，這就是親情的力量，俗話說「血濃於水」，這就是最好的體現。選擇試管嬰兒的父母往往都已經做好了承受打擊與失敗的準備，不過為了自己能有個健康的小寶寶，他們即使會面對失敗，也還是選擇付出自己的所有去努力。

小女孩，爸爸媽媽是世界上最疼愛妳的人，所以妳平時一定要做個聽話懂事的乖乖女喲，千萬不要做讓會讓爸爸媽媽傷心及擔心的事情。

# 難道我真的是爸爸媽媽撿來的？

**⁇ 【我的困惑】**

為什麼我長得不像爸爸，也不像媽媽？但是班上很多同學都能被一眼就看出是誰家的孩子。每次我看到同學的父母，都會想到⋯⋯我是不是爸爸媽媽撿來的？

**➡ 【敞開心扉】**

丫頭，千萬不要胡思亂想，妳是爸爸媽媽的親親寶貝，才不是撿回來的。

其實我們長得不像爸爸媽媽並不能和不是親生的畫上等號。前面我們已經提到了遺傳基因這個詞，人的長相、身高、頭髮顏色都和遺傳基因有

關係。除了遺傳基因外，人體特徵還會受到許多外界因素的影響，比如環境、營養，還有體育鍛鍊等等。

遺傳一般是指子代會或多或少跟父代保持相似特徵的現象。人的遺傳特徵有的是由單純的一對染色體上的基因決定，有的卻是由很多的基因決定，於是就會因為不同基因的組合而出現各種不同的情況。

雖然爸爸媽媽的基因都會影響後代，但基因若想發揮作用還是與環境有很大的關係。如果生存條件惡劣，再好的基因都無法發揮作用，小時候營養不均衡的話也是無法發育好的。

所以，如果跟爸爸媽媽有些不像也不必擔心。如果爸爸的皮膚比較黑，而媽媽的比較白，那他們下一代的皮膚顏色一般都不會太黑，但也不會像媽媽一樣白皙。所以說，不像爸爸媽媽是很正常的，這跟遺傳基因還有營養等各方面的因素都有關。所以妳真的沒必要煩惱。

就像有的同學爸爸媽媽個子都不高，可他卻是個大個子，這可能是因為他青春期的營養供應得好，再加上他後天的努力鍛鍊。先天的遺傳因素，再加上後天的環境影響一同作用在我們身上，才形成了我們現在的樣子。

妳有沒有發現，世上根本沒有人長得跟爸爸或者媽媽完全一樣，就連兄妹倆都有可能一個像爸爸媽媽，而另一個卻誰都不像。

丫頭，現在妳該知道為什麼有的孩子長得不像爸爸媽媽了吧？千萬不要懷疑自己不是爸爸媽媽親生的了。如果被爸爸媽媽知道了，他們一定會很傷心，放心，妳一定是爸爸媽媽的親生寶貝。

說到遺傳，丫頭妳知道嗎？其實，父母的一些疾病也會因為遺傳，而有一定機率地出現在後代身上。下面姐姐就來向妳介紹，哪些疾病很容易由媽媽遺傳給女兒。

　　首先是結腸癌，這種病症在下一代身上出現的機率很大。如果媽媽患有這類病症的話，就更需要我們定期地到醫院檢查身體，時刻瞭解身體的變化，也在日常飲食和習慣上做出相應的調整。

　　其次就是乳腺癌，乳腺癌是一種具有明顯遺傳特徵的惡性疾病。如果家族中有遠親得了乳腺癌，那麼我們患病的機率就高於平均水準。而如果是近親有乳腺癌，那麼我們患病的機率就成了別人的兩倍。如果是直系親屬出現了這種情況，那我們患病的機率就會一下子飆升到正常人的三倍以上，是不是很恐怖？

　　最後就是心臟病和糖尿病。如果家族中有人患有心臟病或者糖尿病，那妳在日常的飲食中就要格外注意了。心臟病的遺傳機率很高，並且後代的發病率也是很高的，在平時一定要注意自己的膽固醇指數，定期到醫院進行檢查。

　　如果是糖尿病，那就要在平時控制飲食，離那些美味的甜食遠一點吧！還有，定期運動，跑步、練瑜伽都是不錯的選擇。糖尿病並不是直接由遺傳導致的，遺傳只是增加了我們患病的機率，所以良好的生活和飲食習慣是至關重要的。

**小小提醒**

很多事情都是先天因素加上後天因素一起造成的，我們的身高、樣貌當然也不例外，一部分來自爸爸媽媽的遺傳基因的影響，另一部分就是我們後天所處環境的影響。

其實很多的先天缺陷都可以靠後天的努力補上，比如個子矮，可以多多鍛鍊，並在正確的時間段補充營養。所以小丫頭，不要在這些不值得糾結的問題上打轉啦，做好自己就可以了。

# 貞操是什麼，很重要嗎？

## ? 【我的困惑】

電視劇裡提到了貞操。貞操是什麼啊？為什麼電視劇上還有貞節牌坊呀？

## ➥ 【敞開心扉】

看樣子電視劇對小丫頭的影響還滿大的呀，妳一定是在看古裝的電視劇吧？在古代其實就已經有了對貞操的定義，貞操是指女性在婚前不發生性行為，並且在婚後從一而終。

古代的男性成家後，要保障一家人的生活開支，在最大的程度上保護自己的小家庭，而對古代的女性來說，她們的任務就是要在家裡打理家務。

堅守貞潔，從一而終不僅是對自己的忠誠，更是一種對家庭忠誠的表現。不過，守貞觀念也成為了禁錮女性感情的繩索，它剝奪了女性的婚姻權利。

古時候一個家庭的形成，往往是透過指腹為婚或是媒妁之言，兩個人甚至從沒見過就成了夫妻，而貞操觀念的存在也讓女性無法自主選擇婚姻，一旦要挑戰固有觀念就會付出慘烈的代價，而貞節牌坊就是古時候對那些堅守貞潔女性的表彰。

但是到了唐代，這種觀念已經被打破了，很多婦女改嫁，勇於追求自己的幸福。然而到了明清時代，這種觀念又死灰復燃，女性依然沒有地位。貞操觀念是當時的封建思想，當時的人們普遍認為女性是男性的附屬品，女性沒有自由，就更別提像現在這樣自由戀愛了。

有時候媽媽會跟爸爸開玩笑或爭吵，在古代這都是不被允許的，女性都被「三從四德」約束，所以那時候的女人很苦。

不過現在的我們是完全自由的，能夠自由戀愛，選擇和自己喜歡的人在一起，還可以和自己喜歡的人組建家庭，幸福地生活下去。妳還能看到很多女性都可以選擇離婚或者再嫁，這也是男女平等的表現。雖然現在貞操觀念正逐漸淡薄，但是妳要做個自重自愛的女生，千萬不要去做不符合年齡的事情。

正處在青春期的妳們，身體的各個器官都還在不斷地生長發育，一旦過早地發生了性行為，會給自己帶來很大的心理陰影，現代人的貞操觀念，雖然不像古代人那般強烈，但對於妳們來說，發生婚前性行為還是會使自己陷入深深的懊惱和悔恨之中。

不管是誰，對性的認識都需要一個慢慢瞭解的過程，性不是一下子就能明白的，需要我們平時多學習一些生理知識，多多讀一下這方面的書籍。

現在的妳們還處在一個可塑性極強的時期，很多的問題都是可以避免，也是可以改變的，所以千萬不要有心理負擔。

### 小小提醒

貞操是倫理道德的產物，要求女性在婚前不發生性行為，在婚後從一而終，但是這也是一種變相的束縛，阻礙了女性追求感情和婚姻的自由。

不過事物都是有兩面性的，雖然貞操觀念有弊端，但也有值得我們借鑑的地方，比如在婚前不發生性行為，在婚後不與伴侶之外的異性有性行為等等。

# 處女膜是每個女孩都有的嗎？

**？【我的困惑】**

處女膜是每個女孩都有的嗎？處女膜的作用是什麼？

**➡ 【敞開心扉】**

　　處女膜在陰道口邊緣，存在於陰道和陰道前庭的交界處，處女膜是一層薄薄的膜狀組織，這裡往往會存在一個誤解，很多的人都認為處女膜是在陰道裡。

　　處女膜很薄，妳一定有尺吧？成年女子的處女膜大概才 1 到 2 毫米那麼厚，是不是很薄很脆弱？雖然處女膜看起來小小的，但是它裡面還分布著血管和神經末梢。

　　處女膜上有小孔，經血就是透過小孔排出來的，這個小孔並沒有什麼固定的形狀，有的人是圓的，有的人是橢圓的，還有的人是月牙形的，據統計處女膜大約有30多種形態，不過常見的處女膜孔都是圓形和橢圓形的。處女膜孔的形狀並不會影響經血的排出和處女膜的生理功能。

　　萬事都有例外，並不是每個女孩都會有處女膜的，但是沒有處女膜的女生只占很小的一部分。

　　還有一部分女孩沒有處女膜孔，這種情況下就要到醫院去做手術了，因為一旦沒有處女膜孔，我們的經血就沒有辦法排出體外，不僅會出現肚子疼的症狀，還會影響我們的日常生活。

　　處女膜是我們出生時就有的，每個人的處女膜形態和厚薄都不一樣。青春期的妳們陰道黏膜比較薄弱，還不足以抵抗細菌的入侵，這時候處女膜的作用就明顯了，它可以保護我們的生殖系統不受外來的細菌侵襲。

　　處女膜很脆弱，在很多情況下都有可能破裂，例如參加跳高、騎馬、武術等劇烈運動時很有可能會讓處女膜破裂，從事繁重的體力勞動也有可能會造成處女膜破裂。處女膜破裂往往會帶來疼痛感，有時還會出血。

　　很多人都認為處女膜和處女有著必然的聯繫。雖然在很多情況下處女膜會意外破裂，但是處女膜破裂最主要的原因還是性行為，所以，妳們一定要愛護自己。

## 小小提醒

　　如果妳在青春期開始後久久沒有出現月經初潮，並且開始週期性出現小腹疼痛的症狀，甚至還可以在小腹摸到包塊，那就很有可能是出現了沒有處女膜孔的情況，在醫學上叫作處女膜閉鎖。這時候一定要去看醫生，以防對身體造成進一步的傷害。不過也不用過於擔心，大部分人都不會出現這種情況的。

# 什麼是人工流產？

電視、電影裡有時會說到「人工流產」，媽媽說流產就是肚子裡的寶寶沒了，也說人工流產會傷害我們的身體，人工流產到底是什麼？

➜ 【敞開心扉】

人工流產就是把媽媽肚子裡沒有發育成熟的小寶寶給取出來了。事實上，每一個準媽媽都不希望失去自己肚子裡的小寶貝，所以一般情況下，是因為胎兒意外地住進了媽媽的肚子裡，或者是因為胎兒患有嚴重的疾病，媽媽不得已選擇手術的方法，不讓胎兒繼續成長。

雖然有的小寶寶是因為意外住進了媽媽的肚子裡，並不是期待中準備

好要養育的，但是姐姐還是覺得把孩子打掉是一種很不負責任的事情，當然這排除小寶寶有先天性疾病的情況。

流產一般有兩種方法，一種是手術，另一種是藥物。

人工流產的手術相對來說比較安全，這就讓很多不負責任的父母輕易地選擇放棄肚子裡的小寶寶，這樣的做法是不是很殘忍？而且人工流產畢竟是手術，同樣有一定的風險，手術之後還可能會出現一系列的併發症，有些人就是因為做了手術才終身不孕，讓人生造成了很大的遺憾。

流產之後還會出現噁心、頭暈，甚至是抽搐、昏厥的情況，還有可能發生感染，導致身體受到嚴重的損害。

一般流產的人都要做小月子，需要好好地補一補身體，可見這種手術其實對女性損害是很大的，為了避免這樣的傷害，我們在平時就應該注意保護自己，千萬不要做一些越出常規的事情。

姐姐已經在很多的地方提到了要自重自愛，做符合自己年齡的事情，丫頭是不是已經聽煩了？不過這也是沒辦法的事情，因為一不小心誤入歧途就可能為人生留下難以磨滅的污點。所以我們女孩一定要走好人生的每一步，千萬不能因小失大，為自己帶來一生的遺憾。

藥物流產就是透過服用藥物使小寶寶在媽媽肚子裡夭折並脫落。這種方法的安全性較高，但是對於多次流產的人來說，每多一次流產就會給身體帶來更大的傷害，嚴重的還會導致終身不孕，讓人一生的遺憾。

所以，丫頭，妳可要好好地記住啦，千萬不要偷嘗禁果，因為受傷害最大的可是我們女生呀。

## 小小提醒

　　流產是不是很可怕？但其實只要在平時潔身自好，做正確的事情就可以避免了。不過也有些人是在意外的情況下發現自己懷孕的，這時候流產手術就成了一種解決問題的方法。

　　做事情之前一定要想到後續可能帶來的影響，畢竟自己做的就要自己承擔，這個概念在成年之後妳會明白得更加透徹。所以，小丫頭，一定要做個自重自愛、潔身自好的女孩唷。

# 保險套是什麼？

**？【我的困惑】**

陪媽媽去超市買東西的時候，在一個小角落看到了一種叫保險套的東西，裝在一個小盒子裡，媽媽說平時用不到。

什麼是保險套？是用來保險什麼嗎？

**➡【敞開心扉】**

保險套的作用就是避孕啊！

保險套又叫避孕套，可以很有效地防止懷孕，也不會像藥物那樣對我們的身體造成傷害。保險套一般是用天然橡膠做成的，避孕的效果很明顯。如果人們注意使用保險套的話，就不會有那麼多胎兒要面臨流產了。

　　保險套可以阻止精子和卵子相遇，既然無法相遇那就自然無法形成受精卵，也就無法發育出小寶寶啦。採用保險套避孕算是比較有效還比較方便的方法。保險套的價格都比較便宜，而且還可以防止疾病的傳播，可以有效阻止愛滋病、淋病的傳播。什麼是愛滋病呢？我們會在後面的章節中提到。

　　雖然保險套是用橡膠製成的，但也存在著保質期的問題，過了保存期限就要買新的。

　　保險套雖然可以在很大程度上避免懷孕，但也並不是能讓人完全高枕無憂，意外的情況還是有可能發生的。杜絕意外懷孕最有效的方法依舊是不跟異性發生性關係，雖然說起來很容易，但是實際做起來就沒那麼簡單了。正處在青春期的妳們，經常腦子一熱就會做出很多讓大人很不理解的事情，當然也相當有可能因為一時衝動就做出不符合妳們年齡的事情，比如有些男生對異性的好奇心很重，常常會有一些侵犯女生的舉動。所以小丫頭，妳可一定要控制住自己的情緒和行為，還要學會一些防衛的方法，千萬不要因為一時好奇就犯下大錯。

## 小小提醒

　　與之前提到的意外懷孕之後採取人工流產的方式相比，保險套要安全得多，但也不是萬無一失的。

　　丫頭，妳現在最主要的，還是要認清自己在青春期這個年齡層該做些什麼，而什麼又是不能做的，隨時掌握好分寸對大家都有好處，我想聰明的妳一定明白了吧？

# 避孕藥對身體有什麼害處嗎？

**？【我的困惑】**

避孕藥可以避孕，那避孕藥對身體有什麼害處嗎？

**➡【敞開心扉】**

其實和保險套一樣，避孕藥的主要作用就是達到避孕的目的，不過丫頭一定知道有句俗話叫作「是藥三分毒」吧？既然是藥物，就必然會給我們身體帶來一定的影響。

避孕藥一般都是口服的，男性避孕藥和女性避孕藥都有。

女性避孕藥直接抑制排卵或者阻礙受精卵的運送，有些還會改變我們子宮和輸卵管的活動方式，是不是很厲害的樣子？

　　但是我們也能透過這些強大的功能意識到，口服避孕藥必然會給我們的身體帶來影響，總會或多或少帶來些副作用。

　　雖然口服避孕藥是一種相對來說比較安全且有效的避孕方法，在停止服藥之後還是能讓女人再次懷孕，完全不會影響女性繁育後代，而且避孕藥還有一些治療作用，它可以調整月經週期，緩解痛經，使皮膚光滑、月經量減少，甚至還會使我們的骨骼更加強壯。

　　但是我們一定要看清，避孕藥是一種抑制正常生理活動的藥物，它也會給我們身體帶來一定的傷害。

　　經常使用避孕藥雖然可以緩解痛經，但是它可能打亂女性體內激素的自然調節和平衡。除此之外，避孕藥還會使女性出現類似早期懷孕的反應，即噁心、頭暈等。

　　避孕藥的另一個副作用就是會使我們的白帶增多，還會使我們出現乳房脹痛的現象，這些副作用中最嚴重的就是月經失調了。妳也許會覺得奇怪，避孕藥不是可以調整月經週期的嗎？為什麼又會引起月經失調呢？

　　這是因為藥物能抑制排卵，在一定程度上影響子宮內膜，使子宮內膜變薄，這就會間接地使月經量減少甚至完全停經。

　　說到這裡，妳是不是已經明白了呢？

　　其實「是藥三分毒」這句話說得很正確，根本沒有藥物能在治病時完全不傷害我們的身體，避孕藥當然也不例外。

## 小小提醒

　　一般來說，只要是身體健康的育齡女性都可以使用避孕藥，但還是有一些特殊情況，有慢性肝炎或腎炎、高血壓、心臟病等疾病的人是不能使用的。

　　千萬不要以為避孕藥能夠緩解痛經，並且能在一定程度上調整月經週期就把它當成是一種良藥，這種想法是非常不正確的。有許多事情等妳長大之後自然就會明白了，所以，丫頭妳要快快長大喲。

# 性病是不是很可怕？

那天看宣傳片，上面提到了性病，性病是不是傳染病的一種呢？那到底什麼是性病呀？

➡ 【敞開心扉】

這個問題可有些深奧了喲，不過，姐姐還是會想盡辦法讓妳明白的。

性病，是一類疾病的統稱，這些病都有一個共同的特點，那就是它們是透過性行為傳播的，主要病變發生在生殖器部位，以前被稱為「花柳病」，會嚴重危害人體健康。而性病一般包括梅毒、淋病、軟性下疳等等。

性病一共有三種傳播方式，分別是直接接觸傳染、間接接觸傳染和母

嬰垂直感染，也就是患有性病的媽媽懷孕後傳染給了嬰兒。但有專家做過統計，九成以上的性病，都是透過性行為而直接傳染的，因此性病的主要傳播方式就是性接觸。

一般感染和傳播的人群主要是賣淫、嫖娼者，同性戀的傳播機率也較高。透過感染和傳播的人群我們就知道普通人患這種病的機率是很低的。

丫頭，妳是不是已經對眼前的這些名詞有種頭暈眼花的感覺了？不過，為了讓妳瞭解更多的性方面的知識，妳就稍微忍耐一下子吧！

雖然性病有很多種，但我們還是可以提前預防的，在前面我們已經提到了，一般患性病的人大都是有不良行為作風的，所以我們只要在平時注意提高我們的文化知識水準，這樣就可以在遇到一些情況的時候不慌張、並且快速地找到解決辦法。

其次要注意個人衛生，遠離毒品。還要注意輸血安全，在醫院看病，需要驗血、抽血、輸血時，注意使用的注射器等器具必須是全新的、完好無損的，絕對不和別人共用，以防透過血液感染性病。在出現可疑症狀的時候，一定要及時到醫院進行檢查，以防萬一。

就算是真的得了性病也不要過於害怕，一般都是可以治療的。但是在治療期間要儘量避免性生活，而當真沒辦法避免的時候，前面提到的保險套就是很好的選擇。平日裡也要做好家庭衛生，一定要勤換洗床罩、床單，還要將患者的內衣褲與別人的分開清洗。

其實只要妳們對性病有個正確並且清醒的認識，就可以有效避免被傳染性病。另外，注意保持環境衛生，也可以在一定程度上抑制疾病的傳播。

性病中最可怕的就是愛滋病了，有關愛滋病的知識我們會在後面提到。其實只要妳們本著一種科學的態度去認識這些疾病，就可以很好地預防。

## 小小提醒

性病是不是很可怕呀？但是很多情況下，感染性病都是因為我們沒有足夠的知識知道怎樣預防，這就要求我們在平時努力學習文化知識，注重培養好的生活習慣了。

潔身自好這個詞姐姐已經提到很多次了，妳是不是已經慢慢地清楚了潔身自好的重要性了呢？一定要記在心裡喲。

# 什麼原因會使人得到愛滋病？

## ？【我的困惑】

電視上的公益廣告在提倡要平等地對待愛滋病患，愛滋病是什麼病呀？為什麼有人會感染愛滋病呢？

## ➡【敞開心扉】

愛滋病很嚴重，它是一種傳染病，患病的人會喪失免疫功能，而且治癒的機率很小。不過妳也不用太過擔心，只要了解愛滋病的傳染原因和病理以及患病處理方式就不用擔心了。

愛滋病的學名是「後天免疫缺乏症候群」，英文縮寫 AIDS，是一種因為感染了人類免疫缺陷病毒而導致的免疫缺陷病，死亡率很高。

那麼，愛滋病是怎麼傳染的呢？

愛滋病的傳染源有兩種：一種是人類免疫缺陷病毒攜帶者，還有一種是愛滋病病人。

愛滋病病毒存在於病人的血液、精液或陰道分泌物裡，病人的乳汁裡也有。傳播途徑主要有三種，首先是性接觸傳播，跟愛滋病病毒攜帶者或者愛滋病患發生性行為，很容易就會傳染上愛滋病。

其次是血液傳播，輸入帶有愛滋病毒的血液也會被傳染愛滋病。

第三種是母嬰傳播。前面已經提到了，這種病毒還會存在於乳汁中，母親患有愛滋病，小寶寶就很危險了，在懷孕、分娩及哺乳過程中都有可能將愛滋病毒傳染給嬰兒，所以往往患病的媽媽所生出的寶寶大多也會患有愛滋病。

除了以上的幾點，一般的握手、擁抱或是共用浴室和廁所都是沒問題的，一起上下班或是參加派對，只要上面提到的幾種情況不發生就完全沒問題。

很多人都特別害怕跟愛滋病患接觸，甚至認為連他們呼出的氣體裡都會帶有愛滋病毒，這種認識是完全錯誤的，也是一種缺少常識的表現。

愛滋病患者往往會因為自己的病而自卑，發生自殺的情況也很多。如果我們在行為和言語上表現出對愛滋病患者的害怕或是歧視，他們的心裡會更加難受。我們應該平等地對待他們，畢竟有很多人是在完全沒有意識到的情況下得到這種病的。

### 小小提醒

　　愛滋病患者一般會在初期出現發熱、咽喉痛和噁心、嘔吐等現象，到了後期這些症狀會更加嚴重，而患者的身體和心靈會受到更大的打擊，一般體重會減輕 10% 以上，容易致殘或者死亡。

　　愛滋病患者也是人，我們應該尊重、體諒他們，更應該與他們平等交流，而不是選擇躲避和遠離他們。

# 性別相同不能戀愛嗎？

？ 【我的困惑】

都說男生和女生在一起是戀愛，那同性之間難道就不能夠談戀愛嗎？

→ 【敞開心扉】

　　丫頭，這個問題比較敏感，不過姐姐可以告訴妳，同性戀的行為並不被提倡，也還沒有被大多數人接受。雖然同性戀這種性取向是存在的，但是有這種性取向的人比較少，大部分的人都是異性戀，也就是男生和女生在一起。

　　顧名思義，同性戀就是兩個同性的人互相吸引，並且產生了很濃厚的感情，並在一起談戀愛。在現實生活中，同性戀的人算是比較少數。但偶

爾在街上會看到兩個男生或是兩個女生親密地在一起，可千萬不要對人家產生偏見喲。

　　雖然喜歡同性也是一種性取向，但是由於文化還有宗教信仰的不同，不同國家的人對同性戀的看法也是不同的，在非洲和亞洲西部、南部的一些國家中，同性戀被當成是一種違法的行為，有的人甚至會因此被判死刑，是不是很恐怖？還有的人把同性戀和精神病聯繫在一起，認為喜歡同性就是心理有問題或是精神有問題，這是完全錯誤的觀點。因為喜歡同性和精神病沒有關係，同性戀既不是一種精神病，也不是一種心理疾病，它是一種很正常的性取向而已。

　　現代人都已經逐漸接受了同性戀的存在，有些國家的同性戀者還可以結婚呢，但是如果妳知道了一個人是同性戀的話，我想妳還是或多或少會對那個人產生一些偏見。其實，這種做法是不對的，畢竟性取向很難改變。

　　同性戀往往在看到異性的時候沒有想要靠近的感覺，也不會出現愛慕或是暗戀的情況，他們只是把我們對異性的好感和愛慕之情轉移到了同性的身上。

　　雖然同性戀的人數較少，但我們平時碰到她／他們一定要注意自己的言辭，其實只要把她／他們當成平常人看待就好，更何況他們本來就是我們身邊的平常人呀。

　　看到這裡，小丫頭，妳是不是已經明白了呢？同性之間也是可以戀愛的，只是有的人暫時還無法接受罷了。

　　不過，隨著越來越多的國家在法律上承認同性戀者，有的甚至還允許同性戀結婚，相信會有越來越多的人接受她／他們，並且為她／他們提供一個更好的生活環境。

**小小提醒**

　　以前有很多的國家把同性戀當成是一種很嚴重的犯罪，還有的把同性戀歸為是一種性疾病，但事實上同性戀是一種完全正常的、真實存在的性取向，所以我們在日常生活中不能對同性戀產生偏見，這種行為是很傷害人的，畢竟所有人都希望能夠得到他人的認可。

# 她們這樣算不算同性戀？

？【我的困惑】

我們班有兩個女生關係超好，整天手拉手一起上學放學，中午還一起到食堂吃飯，不管什麼時候都在一起，就連上廁所都是結伴去的，她們是不是同性戀啊？

→【敞開心扉】

哎呀，怎麼能隨便懷疑人家是同性戀呢？這樣可是很不禮貌的行為喲，其實她們兩個只是一種很正常的關係，在青春期時，有些男生會彼此特別要好，而有些女生也會出現妳上面提到的情況，簡單來說這叫作「同性依戀」。雖然兩人形影不離，但是和同性戀是有本質上的差別。

　　同性之間的依戀其實是一種友誼。在妳還沒有上學的時候，妳可能會和好多小夥伴一起玩，那時候的妳還處在天真單純的年齡層，對什麼都充滿好奇，也跟誰都能玩在一起，對人沒有明確的區分。

　　在進入青春期之後，就有了很多的問題和煩惱，也隨著年齡的增加而開始逐漸地疏遠一些人，這個階段的妳們渴望能有一份堅固的友誼，也特別希望那些懂妳、能聽妳傾訴煩惱的人做妳的好朋友。

　　但是這個時期，也是人渴望與異性交往接觸的時期，只是一旦和異性交往密切一些，又容易招來同學們的議論，就連家長和老師也會格外地關注，但這時如果選擇和同性交往，通常就不會發生任何問題。

　　這裡妳就要注意了，妳的兩個女同學只是在交朋友，她們只是要找一個無話不談、形影不離的好閨蜜，並不是因為性。交這朋友的大前提是，兩個人在某方面相似，例如有共同的興趣愛好，同時還需要兩個人彼此信任，能掏心掏肺地交流。兩個人擁有很單純的交朋友心態，可不是什麼同性戀。

　　同性戀是對異性根本沒有好奇之心，相反的卻對同性產生了好感，雖然「同性戀」和「同性依戀」只差了一個字，但它們的差別是很大的。

　　所以，作為旁觀者，妳也要正視這種關係，千萬不要亂給人家扣帽子啊，這樣不僅很不禮貌，還會讓她們感到不安，甚至會因此關係破裂。

　　不過生活中只交一個朋友總是不好的，老師、家長要鼓勵孩子積極交友，不管是男生還是女生。廣交朋友，不僅可以培養孩子的溝通能力，還能增強孩子與別人相處的能力。

## 小小提醒

　　若出現同性依戀的情況，家長的態度是最關鍵的。

　　如果孩子有同性依戀的傾向，可以合理地誘導他們回到正軌上，單純斥責的話很容易讓孩子在心理上產生陰影。

　　只要能給孩子創造一個有安全感的環境，再鼓勵他們多多交友，很快就能糾正他們同性依戀的傾向。

　　而作為旁觀者，也不要輕易懷疑別人的關係，主動和他們做朋友吧。

# 什麼樣的人算性變態？

❓ 【我的困惑】

今天看法治節目，說有一個人性變態，還傷害了女孩……什麼是性變態？是不是很恐怖？

➡ 【敞開心扉】

小丫頭問的問題越來越有水準了，其實性變態就是一種性心理上的變態。所謂變態，就是一種不正常的狀態，性變態就是性癖好異常，跟正常人不一樣。

這樣的解釋，妳是不是能稍微明白一點了？

一般人都是對異性產生性渴望的，這是一種很正常的性心理反應，比

如妳想接近一個妳覺得不錯的男生，有些男生也會費盡心機地想要認識妳。

但是往往存在那麼一群人，他們會因某樣物品而對異性產生渴望，這就是性變態了。前面我們提到了同性戀，同性戀是喜歡同性，但不是性變態，這點一定要記住。

一般有性變態行為的人，都會選擇隱藏他們的這種心理，因為這些行為無法被人們接受，還會給他們自己帶來很大的麻煩，所以他們會選擇小心謹慎地將這種癖好隱藏起來，也會刻意表現得很正常。

有些性癖好會給別人帶來很大的傷害，有些則不會對別人產生影響，比如喜歡女扮男裝，或是男扮女裝，這種癖好就不會給別人帶來太大麻煩。但是有的人有性虐待癖好，不但會被人們厭惡，還會給別人造成很大傷害。

由於有特殊癖好的人一般會將自己的特殊癖好隱藏得很好，所以不容易被發現。當然，他們也不願意承認自己患了心理疾病，自然也就不會主動接受治療，往往這些人都是在嚴重傷害了別人之後才被迫選擇治療的。

在姐姐看來這種行為應該及時發現並及時治療，越拖情況越嚴重。妳們平時也一定要注意人身安全，千萬不要被壞人盯上，無論什麼時候，都是安全最重要。

## 小小提醒

大部分的性變態並不會對我們的人身安全造成影響，但是會讓我們的心理造成陰影，所以在平時一定要注意保護自己，因為性變態的人往往隱藏得很好，這就要求我們看人不要只看外表，一定要深入瞭解之後再下結論。

不過也不用過於擔心，畢竟這類的人還僅僅是一小部分而已，遇到問題及時和家長、老師反映是最好的方法。

# 強暴真的會發生嗎？

？【我的困惑】

常常在電視新聞上看到強暴犯，媽媽和老師也會叮囑我們不要太晚回家，更不要獨自到比較偏僻的地方去，什麼是強暴？真的會發生嗎？

【敞開心扉】

呀，小女孩，這個問題比較嚴肅。首先可以確定的是，這種事情真的會發生，老師和媽媽的叮囑都是相當有用和正確的，那什麼才算是強暴呢？妳要耐心看完下面的話！

強暴是什麼呢？一般我們認為男性在沒有得到女性同意的情況下，強迫女性發生了性關係，這樣的情況被我們稱為強暴。而強迫的手段，往往

包括威脅、武力，總之是很壞很壞的人才會做出這種事情。一旦發生這種情況，那強迫人的一方就犯了強暴罪，這是很嚴重的罪名。

犯這種嚴重錯誤的人一般會有以下幾種情況，首先就是缺少正確的排解方法，被黃色書籍、電影刺激，就想把電影或是書籍中的情節呈現在現實中，體驗那種快感。這類型的人一般心理上都比較不成熟，所以很容易將一般的衝動轉化為犯罪動機，因此青春期的妳們，一定要避免接觸宣揚色情和暴力的書籍，這些書籍會對妳們的心理產生很大的影響。現在的妳們，分辨是非的能力還不是很強，也對未知事物充滿好奇心，所以很容易有一些衝動的行為。

其次就是對女性存在仇恨心理，總覺得看女生就是不順眼，就像當妳特別討厭一個人時，不管怎樣他做什麼都是錯的。而這些人就很容易做出一些傷害女性的行為，而且往往會對女性造成很大的傷害。

最後一種就比較常見了，妳的身邊是不是有長得特別漂亮的女同學呢？她們就很容易讓別人有非分之想，因貪圖受害人美麗而發生的強暴案比比皆是。那我們又該怎樣做，才能儘量防止出現這種情況呢？

放學要按時回家，就算到同學家去也不要待得太晚，隨時和家人保持聯繫，讓家長知道妳人在哪裡。晚上儘量不要一個人出門，非要出門的話要跟爸爸媽媽商量一下。當然，也要在平時多學一些保護自己的手段，有些女孩會去學習跆拳道、柔道或是女子防身術，這些都是很有用的，可以當作是種鍛鍊，還能達到強身健體的作用。

## 小小提醒

　　現在的妳們，還是尚未綻放的花朵，人身安全非常重要，所以要在平時多多留意，不要太過相信熟人，學校裡也不能排除有色狼的存在。而青春期的男生也比較衝動，做事容易不計後果，所以妳們自己要多多留心注意。

　　聽老師和家長的話，按時上下課，夜晚儘量不單獨出門，不和朋友到偏僻的地方去，這些都是很好的保護人身安全的方法。小女孩，妳學會了嗎？

# 什麼算是性騷擾呢？

### ❓【我的困惑】

新聞上經常出現「性騷擾」這個詞，不是女員工被男老闆騷擾，就是在公車上女乘客被男乘客騷擾，突然感覺身為女生好危險，那究竟什麼行為算是性騷擾呢？

### ➡【敞開心扉】

性騷擾就是一方故意碰觸另一方的性別特徵部位，或者是故意提起有關性的話題，讓對方反感或不舒服。性騷擾發生的頻率比較高，嚴重的話會影響我們的日常生活。

故意碰觸妳身體的敏感部位、用自己的性別特徵部位靠近妳的身體都

屬於性騷擾，這些行為我想妳是知道的吧？可是還有一些，妳認為只是讓妳感到不快的行為，這其實也已經是性騷擾了。比如有人邀請妳一起看「限制級」的電影，或者讓妳看一些色情的圖片和書籍，比如要摸妳的隱祕部位，又或者要拍攝妳一絲不掛的照片或影片，這些都屬於性騷擾。那些挑逗的話也是性騷擾的一種，女生很容易被壞人盯上，一定要在平時多加注意。

其實男孩也有可能被性騷擾，性騷擾並沒有規定一定是男生騷擾女生。有些男孩也會被女性性騷擾，甚至是被男性性騷擾。所以並不是男生就能高枕無憂。

也許有時候妳會覺得對方的碰觸並不是有意為之，也許只是無意的，但正是妳這種想法，容易使對方誤解，因此導致更加嚴重的騷擾。

那些真的想要騷擾妳的人，會一步一步得寸進尺，在妳不注意的時候故意碰觸，到後來進行進一步的侵犯行為，所以不管是有意還是無意，妳都要在第一時間嚴厲地制止他們。該出手時就出手，該嚴厲時就嚴厲，只有妳擺出強硬的態度，才能控制事態的發展。

那我們在平時應該怎麼做呢？

首先，我們要對性騷擾有明確的概念，要知道什麼是性騷擾，也要知道什麼樣的行為能和性騷擾是一樣的。

其次，就是要有自己的底線，比如內衣內褲遮蓋的乳房和外陰，堅決不能被別人碰觸。如果對方的行為讓妳很不舒服，但是他又沒有觸到妳的底線，妳也要勇敢地制止他，並且要以嚴肅的態度對待這樣的行為，而不是一味地忍耐。

除了身體上的碰觸，最容易被我們忽視的就是語言上的挑逗了，遇到

這種情況時也應該果斷地說「不」，堅決不給他們一絲一毫的可乘之機。

　　最後一定要時刻提醒自己，對我們進行性騷擾的不僅僅是男性，有些女生也會這麼做，所以一定要保持清醒的頭腦。一定要對別人的行為和語言有一個很清楚的認知，不要以為這些只是小事。因小失大的事情常常發生，作為一個女生，我們要學會更好地保護自己。

## 小小提醒

　　在現實生活中妳們很可能遭遇性騷擾，當被侵犯、被騷擾之後，一定要去跟爸爸媽媽溝通。如果覺得心裡實在是過不了這關，可以去諮詢心理醫生，醫生一定能夠給妳很大的幫助。千萬不要因為害羞就自己一個人默默忍受，這樣對妳們的身心健康會有很大的損害，要坦誠面對，大膽地說出來。

# 發生性關係後不負責
# 是不是犯法了？

**❓【我的困惑】**

是不是發生了性關係就要負責？可是電視上好多的男孩還是和女朋友分手了，這樣做是不是很不對？是不是犯法了？

**➡【敞開心扉】**

丫頭，並不是發生了性關係就要負責，也並不是不負責就會犯法，妳對性關係又有怎樣的理解呢？

其實發生性關係就是指發生了性行為。

　　我們前面已經提到了同性戀，同性和異性都有可能發生性關係。性關係一般是在我們長大成人之後發生的，有些是受到法律保護，就比如我們的爸爸媽媽，他們有結婚證書。

　　不過有一些就不受法律的保護，就比如那些偷嘗禁果的孩子，這種行為很容易導致懷孕，埋下很多隱患，不論是對女生還是對男生，都是很不好的。

　　青春期的妳們做事很容易衝動，往往按捺不住自己的好奇心，容易會過早發生性行為。但是又因為對彼此缺少安全感，而會感到無比緊張，再加上沒有避孕的準備，也容易因此懷孕，還有可能帶來陰道的炎症和損傷。

　　而這個時候的妳們，往往在懷孕之後會選擇流產，前面我們已經提到了流產的危害，妳們正是大好的年華，一步錯就很可能導致終身遺憾，這是多麼不值得的啊。並且這種性關係是不受法律保護的，小男生也沒有能力對妳負責，現在的你們還處於很多的不確定當中，過早發生性關係只會給你們帶來困擾。

　　性行為很容易傳染疾病，前面提到的性病就很可能乘虛而入，而一旦懷孕了，又會讓我們女生無論是在生理上，還是在心理上都帶來很大的負擔。

　　現在的妳是不是對這個問題有了更深入的瞭解呢？這就要求我們在與異性交往時掌握好尺度。首先，要理智地對待異性的表白和追求，就算妳對向妳表白的男生印象不錯，也需要冷靜下來仔細地思考一下。

　　當然，最好還是拒絕，早戀的利弊，我們在前面已經有了比較詳細的說明，但不管怎麼樣，具體怎麼做還是要看妳自己。

　　其次，要敢於反抗，有些異性會在平時的交往中有挑逗的言語和行為，

這就要求我們多多注意分寸。一個人在家的時候不要隨便讓男生進門，最好還是學習一些自衛的方法，前面提到的女子防身術就是不錯的選擇。

其實只要我們始終自尊自愛、潔身自好，就完全可以避免這些問題。

## 小小提醒

現在的妳正處在一個關鍵的年齡層，這個階段的任何差錯都可能對妳接下來的人生帶來難以磨滅的影響，所以妳可一定要明確自己的態度，也要明白自己該做什麼不該做什麼。

只要我們時刻保持清醒的頭腦，那不論什麼問題都會迎刃而解了！

# CHAPTER 5

## 青春期的煩惱事

　　丫頭，妳是否也曾因為每個月都會來一次「大姨媽」而感到煩惱，甚至開始討厭自己的身體呢？妳是否也會覺得還是當男生好，不用經歷每個月的那幾天，也不用隨時準備煩人的衛生棉？妳是否也會常常感到莫名的孤獨，心裡亂糟糟的，卻又不知道找誰傾訴？被人表白的時候，妳不知所措，甚至還會覺得被人喜歡是一件麻煩的事情。而當妳出現了「性幻想」的時候，也會不自覺地認為自己變壞了。當發現爸媽不再像小時候那般關心妳的時候，妳是否會因傷心難過，獨自一人暗暗落淚？

　　小丫頭，其實這些青春期的煩惱事情，每個人都會經歷，姐姐像妳這般大的時候，想得也和妳一樣多，然而只要妳瞭解其中的道理，明白該如何面對這些情況，這些煩惱事，也就變得不再讓人煩惱了。

　　青春期的妳們，正是愛做夢的時期，之所以會有煩惱，無疑是因為妳們新奇於自己身上的種種變化。然而這些變化，在為妳們帶來了興奮的同時，也帶來了恐懼。妳們在害怕和興奮中迷茫，煩惱也就自然而然產生了。這個時候，就多多和父母、老師溝通吧，他們一定會給妳很大的幫助，並能夠給妳指出一條明亮的、正確的道路。

# 身體的變化讓我好尷尬

? 【我的困惑】

　　乳房發育後我都不好意思抬頭挺胸走路，感覺好彆扭，而且每個月的「大姨媽」也很麻煩。我好討厭我的身體啊！

➡ 【敞開心扉】

　　告訴妳個小祕密，我像妳這麼大的時候也是這樣的，「小豆豆」變成「小饅頭」讓我渾身不舒服，不敢抬頭挺胸地走路，總覺得自己醜死了；「大姨媽」來的時候也超級鬱悶，喜歡運動的我，不僅不能做運動，還得墊著衛生棉，走路不舒服也就算了，「大姨媽」來的時候肚子還好疼好疼，那段時間每天心情都不好，快討厭死自己了！

　　不過，沒過多久我就不這麼想了，並且慢慢地喜歡上了自己的身體變化，整個人也變得自信了。想知道我是怎麼調整的嗎？

　　其實，有兩個原因讓現在的妳們討厭自己的身體，但只要知道這兩個原因，再一一解決就好了。

　　第一個原因，就是妳們還沒準備好接受身體的變化，面對不再青澀的身體，妳們有些不知所措。

　　在發育之前，女孩跟男孩是一樣的，沒有小胸部，可以毫無顧忌地蹦蹦跳跳，隨自己高興。現在倒好，胸前變得豐滿，每個月還有幾天「流血的日子」，身體好像再也輕便不起來了，這樣的改變真讓人不適應。

　　還有一個原因，就是妳們懂得害羞了。

　　鼓起的胸部，即使穿上寬鬆的衣服也會很明顯，穿上胸罩後就更能讓人看到清晰的輪廓。每天都擔心坐在後排的男生看見自己的內衣，害怕迎面走來的男生注意自己的胸部……真是恨不得把自己包起來，或者像鴕鳥一樣把頭藏起來才好。

　　我可愛的丫頭，那是妳還沒意識到自己現在有多美。在身體變化的最初，不知所措是必然的，但是慢慢的妳就會發現自己的身體相對於男孩的強壯硬朗來說，多了玲瓏的美感。

　　身體的曲線是造物主的饋贈，男人不僅不會覺得我們的身體醜陋，反而會欣賞和讚賞這種美。鼓起的胸部和每個月的「大姨媽」是獨屬於女人的身體特徵，讓妳們脫去了青澀，多了一份恬靜。

　　至於內衣痕跡問題，那就是妳的庸人自擾嘍。只要不穿暴露的衣服，不穿緊身的衣服，內衣的痕跡是不明顯的。而且，男孩也在慢慢長大，他們在對女孩的身體變化感到好奇的同時，自己也面臨著自己身體變化的困

擾。

要知道，大家都是一樣的，都正在成長成熟，成熟是讓人喜悅的事，沒什麼不好意思的，要正視自己的身體，坦然地跟男孩相處。只要妳們能夠坦然地面對一切問題，這些就都不是什麼大問題了。

當然，我們在日常的生活中也要多多觀察，多多閱讀關於青春期身體變化的書籍，這樣在自己面臨這些變化的時候才不會手足無措，才能應對自如。

### 小小提醒

好多女孩因為害羞總是低頭走路，不敢挺胸抬頭，久而久之變成駝背。正處於發育期的妳們非常需要養成好的習慣，走路的姿勢、坐姿、睡姿，都是要注意的，因為這將關係到妳們會長成什麼樣的體型。而且，挺胸抬頭走路也是自信的表現，有自信的女孩才是最美的。

# 當女生真麻煩！

❓ 【我的困惑】

每個月都有幾天「流血的日子」，不僅肚子疼，還需要準備衛生棉，做女生真麻煩！我討厭死「大姨媽」了！

➡ 【敞開心扉】

其實每個女孩到了青春期都會對「大姨媽」產生類似的想法，在這裡再次提醒一下，「大姨媽」可不是我們真實存在的親戚，它是我們正常的生理現象，每個女孩到了一定的年齡都要有「大姨媽」來訪。可是有的女孩卻因為這件事情煩惱不已，甚至開始討厭自己女生的身分，覺得當男生省事得多了。

　　小女孩，其實這樣的念頭是不對的，妳可是一個正處在青春期的女孩，如果和男生一個樣，那豈不是錯過了一個變成大美女的機會？

　　雖然「大姨媽」讓妳很煩惱，大姨媽來時不能穿最愛的裙子，每每課間帶著衛生棉上廁所，總是彆扭，一不小心讓男同學看到就羞死了。但是，來「大姨媽」對女孩來說是非常正常的事情，如果妳沒有這經歷，那才要懷疑一下自己是否正常呢。所以，千萬不要覺得自己這樣會很另類，也不要有消極情緒。

　　隨著不斷地長大，妳會越來越明白「大姨媽」的重要性。「大姨媽」能清除妳體內的一部分垃圾，讓妳變得更加健康，所以妳應該學著去適應它。那麼，怎麼才能和「大姨媽」和諧相處呢？我馬上告訴妳。

　　首先要注意飲食，儘量避免在那幾天吃涼的、刺激性的食物，比如冰品、辣椒等等。還要注意適當休息，在體育課上請個假也沒什麼不好意思的，誰叫我們是寶貝小女生呢？

　　其次也要注意個人衛生，勤換衛生棉是很必要的，不僅能讓妳覺得舒服，也會避免一些小狀況的發生。

　　還有，就是要注意做好保暖工作，那幾天妳的抵抗力可是不強的，需要好好地呵護才能保障健康。

　　最最重要的一點，就是要有個良好的心態，因為「大姨媽」跟妳的成長發育有很大關係。只要做到了前面幾點，那妳離擁有玲瓏曲線的大美女就不遠了。

　　千萬不要覺得自己變得另類了，也千萬不要對每個月只有一次的「大姨媽」產生偏見，這是我們每個女孩都會經歷的事情，而且它還會陪伴我們很長的時間呢。所以不要覺得麻煩，時間久了，妳有了經驗，也就不覺

得那麼麻煩了。

　　要知道，正是因為它，妳才能變得更加美麗成熟，所以，做個愛自己的青春期女孩吧！

## 小小提醒

　　很多女孩因為「大姨媽」的到來而煩惱不已，不僅影響了自己的情緒，更讓這種壞情緒影響了自己的生活和學習，這是很不好的喲。妳們應該學著去接受它，畢竟這是青春期的禮物，只需要在日常生活中稍稍注意一下，就能安然度過讓妳頭疼的那幾天了。

# 我感到好孤獨，為什麼沒人理解我？

？【我的困惑】

我覺得自己是個大人了，可是父母還是像以前那樣嘮嘮叨叨個沒完，同學們也開始不像從前那麼無話不說……我突然覺得自己好孤獨，為什麼沒人理解我，這到底是怎麼了？

➡ 【敞開心扉】

雖然妳已經正在長大了，但是離妳變成大人還有一段距離，千萬不要為了這種小大人的念頭，讓自己鑽牛角尖喲。

其實誰都會遇到妳說的這種狀況，這是青春期的特點——人會感覺孤獨。因為這個時候的妳雖然在生理上開始逐漸長大，但還沒有變成真正的大人。妳的心理遠遠沒有生理發展得快，處理問題的能力還很缺乏，妳只是有了一定的思維能力，可是這與大人還有很大差距。

妳們剛剛真正接觸這個世界，真真切切地感受到了來自各個方面的壓力，這些事情一下子就發生了，當然誰都沒辦法馬上接受，所以覺得自己很孤獨也是正常的現象。

既然如此，那就調整好心態，一步步慢慢來。妳會逐漸發現，只要願意敞開心扉和別人分享、討論這些問題，那麼妳遇到的這些狀況就會很快被解決了。

青春期的妳們情緒較容易波動，因開始對事物有了好壞的認識，而容易產生肯定或者否定的情緒，也會開始變得愛恨分明。不過情緒的波動程度也和生活的環境有著很大的關係，如果沒有很大的事故發生，壞情緒是不會出現的，所以不必過於擔心。

這時候的妳對未來有著很美的憧憬，但是對現實的認識卻不夠，於是就產生夢想與現實的落差，而這種落差會對妳的情緒產生很大的影響。那些陰暗的小情緒很容易控制妳脆弱的心靈。但是妳一定要保持樂觀的、積極向上的心，只要心情好，那些突如其來的小情緒就會消失不見了。

說了這麼多，但有的時候妳確實就是會感到孤獨，那又該怎麼辦呢？別著急，我馬上就告訴妳。

最好的方法就是與人交流。當然，除了與人交流之外，也有一些小方法可以改善這種情況。大哭一場或者選一本自己喜歡的書來讀一讀，都是不錯的方法。看看美麗的風景，出門走走也是不錯的選擇。或者穿上妳最

愛的一件衣服，再想想曾經令妳開心的事情，煩惱也就會跑得遠遠的啦。

丫頭，學著經常跟父母聊天吧。其實，這時候的妳們，最需要做的就是多和爸爸媽媽溝通。因為他們可以憑藉經驗告訴妳什麼是對的，什麼又是不好的。他們也是從妳這個年紀過來的，或許他們也曾經是青春期迷茫的人，但是現在他們已經是成年人了，更有了妳這個寶貝。父母的觀點也許妳並不會完全贊同，但是多多傾聽總是沒錯的。

丫頭，妳正處在寶貴的青春期，一定要做個開朗又樂觀的女孩，這樣的妳，才是我們期待的，也是最美的妳自己。

### 小小提醒

感到孤獨並不可怕，不過可千萬不要繼續消沉下去呦！擺正心態，努力適應這個世界才是現在的妳最應該做的事情。跟好朋友一起聊聊天，找父母坐下來好好溝通一下，都是不錯的方法。千萬不要被自己的壞情緒困住了，只要敞開心扉就沒有解決不了的問題，妳會發現其實這個世界是很美麗的！

# 被人喜歡也是件麻煩事

**？【我的困惑】**

班上的一個男生傳紙條給我，說他喜歡我，可是我對他印象不是很深，可是又不好意思直接拒絕他。他要我放學跟他一起走回家，可是我並不想這樣，該怎麼辦？

被人喜歡也很麻煩啊！

**➡【敞開心扉】**

恭喜妳，丫頭，妳已經變成一個人見人愛的女孩了，還有男生對妳表白了呢！

被男同學喜歡是一件很值得開心的事情，證明妳獲得了別人的肯定，

並且妳身上一定有著一些別人沒有的特質，這可以使妳得到更多人的關注。所以，先不要煩惱，這本身就是一件很美好的事情呢。

我們前幾章也說過類似的事情，不知道妳有沒有發現。那麼，到底要怎麼處理這件事情呢？接下來我們就進入正題吧！

青春期的妳是不是已經開始對異性產生好感了？總不自覺地關注那個他，他喜歡的顏色，喜歡穿的外套，還有他最近的心情……其實這是很正常的現象。

也許是因為他的外表出眾，吸引了妳的目光，又或者是他說話的語氣，讓妳非常喜歡。而當妳做一件事情時，只要得到了他的回應，妳就會心裡美美的，就連外面下雨的天氣好像也跟著瞬間晴朗了起來。

如果妳已經產生了這樣的感覺，那麼妳也該理解為什麼會有男生說喜歡妳，還想跟妳一起做伴回家；如果妳現在還沒有對異性產生好感，那麼現在被人喜歡，妳心裡是不是也開始有了那麼一丁點兒不一樣的感覺呢？

千萬不要覺得不好意思，也不要害羞，這都是正常的現象。雖然這個男生說喜歡妳，但是這和爸爸媽媽之間的喜歡還是不同的，青春期的妳還處於比較稚嫩的年紀，這時候的喜歡，僅僅是一種純純的喜歡，是不能投入太多精力的，天天開心，好好學習，這才是青春期的妳應該做的。

不要感覺很麻煩，喜歡與被喜歡從來都是很美好的事情。遇到這種情況要學著處理好，畢竟他是因為真的對妳有好感，才將自己的心意表達出來的，他並沒有做什麼壞事。

所以，我可愛的丫頭，大膽把自己的想法告訴他吧，相信這樣做既不會傷害你們之間的友誼，又可能因此得到一個很關心妳的人喲。

丫頭，平日也要常常跟父母溝通，父母才不會覺得這是不好的事情，

他們會為妳出謀劃策，想出更好的辦法來解決這件事情，維護你們的友誼。

在父母眼裡你們總是長不大的孩子，他們是不會讓寶貝的妳受到任何傷害的。所以在遇到事情的時候千萬不要藏在心裡，自己鬱悶煩惱，要大膽地說出來，盡早跟父母溝通！

## 小小提醒

對異性產生關注，開始萌生好感是青春期孩子們的普遍現象，有些人被人喜歡會感到高興，有的則會感到煩惱。

但不管是什麼樣的心情，被人喜歡是因為有人肯定妳，喜歡別人也是因為對方有優點吸引了妳。這僅僅只是單純的好感和純粹的喜歡，用正確的心態去看待，妳就能好好處理這份友誼。千萬不要因為這些事情影響自己的情緒，讓自己不開心。

# 同學總説我和他在交往，煩死了！

**【我的困惑】**

我是一個初中生，在學校裡我也算是個好學生，可是同學們都說我喜歡隔壁班的一個男生，這根本不是真的！

本來以為過兩天就沒事了，但他們還是不停地在傳我跟那個男生的事情，我該怎麼辦啊？

**【敞開心扉】**

丫頭，不要太擔心了。青春期是心理和生理都在快速發展的時期，在

這個時期我們會遇到很多的變化。不僅僅有身體上明顯的變化，還有心理上的變化。

這個時候我們會對異性產生好感，也會開始瞭解人與人之間的感情，尤其是男女之間的感情，但是這個時候的妳們還是不太能理解這種感情的。

正處在青春期的妳們總會對這些事情很敏感，當然這些誰喜歡誰的問題也會被格外關注，這些都是源自你們的好奇心。也許只是因為某個男生多看了妳一眼，或者是多跟妳說了幾句話，同學們就會當成是天大的新聞開始傳播。

雖然這跟青春期這個特殊的時間段有關係，但是有很大一部分也是因為你們平時看的電視劇的影響。好好想想，是不是這樣呢？

靜下心來想想，其實妳的同學們並沒有意識到他們這樣做會給妳帶來傷害，也許，他們只是覺得很新鮮、很好奇。對於他們來說，妳越在意，他們就越覺得這件事情是真的，就會傳得越厲害，所以，保持良好的心態是很重要的。

有句話說得好「走自己的路，讓別人說去吧」，只要妳自己能夠不在意這些，在聽到這些流言蜚語的時候能不去計較也不去深究，就能夠在一定程度上阻止他們的行為。

如果能夠在聽到關於自己的流言蜚語時，微笑著不去理睬，那妳就是真正的大女孩了。現在，就把這些經歷當成是鍛鍊的機會，去努力地迎接挑戰吧！

如果丫頭妳的心裡實在難受，也可以找朋友訴說，或者是找爸爸媽媽和老師談談心，多多傾訴一下自己心裡的問題。這種方式，可以緩解妳的委屈心情，也可以讓妳從這樣的煩惱中走出來。看書學習也是一種不錯的

放鬆方式，把妳的思緒從流言蜚語中轉移到學習中，不僅能提高妳的學習成績，還能讓那些曾經困擾妳的流言蜚語慢慢消失。靜下心來做好自己的事情，才是妳真正應該做的。

或許流言影響了妳，讓妳不開心，讓妳煩惱，也讓妳不知所措，但妳可以把它當成是一種鍛鍊，一次機會，一個培養妳勇於面對困難的時機。

自信、堅強、獨立的妳才是最美的。

## 小小提醒

遇到流言蜚語時，不要太過在意，也不要感到煩惱，要知道這些東西會隨著時間的流逝而慢慢消失掉。妳只要做好自己的事情就對啦，千萬不要讓自己因此不開心，進而影響妳的學習和生活。跟父母談談心，在傾訴煩惱的同時也能收穫許多寶貴的經驗，何樂而不為呢？

流言蜚語並不可怕，可怕的是它能影響妳。

千萬不要被它打倒，一蹶不振，因為每一段不平常的經歷都是人生的禮物。珍惜這個禮物，學著處理，也學著成長，這樣會給妳帶來驚喜。

# 有了「性幻想」的我，
# 是不是變壞了？

? 【我的困惑】

做夢時總會出現「性幻想」，我是不是變成壞孩子了？我該怎麼辦？

➡ 【敞開心扉】

丫頭，不要瞎想哦，妳才不是壞孩子，這只是正常現象而已，不要過分緊張。

說起性幻想，這名字乍看之下好像很嚴重的樣子，但是經過我的解釋，妳就會發現其實產生性幻想也沒什麼大不了，這是每個人都會經歷的。

　　所謂性幻想，是人類最常見的一種心理現象。但凡心智健全、身體健康的人都會有各式各樣的性幻想，只不過有的人出現的頻率比較高，有的人出現的頻率比較低而已。從本質上來說，這實在算不上是壞事。這跟妳平時看的電視劇、電影有很大的關係。

　　性幻想是我們的大腦皮層活動的產物之一。所以，這只是一種很常見的現象而已，千萬不要過於糾結。那僅僅是一種想像，也不會對妳的日常生活帶來任何的負面影響。

　　偶爾的性幻想還能帶來一定的好處，比如能提高妳的想像力，而且豐富的想像力是不斷創新的必備條件。

　　不過，如果妳經常有性幻想的話，就不得不注意了。這顯示妳的日常生活還不夠充實，做事情也不夠努力。這時候妳就要學著去充實自己的課餘生活，還要用功學習。

　　在這個時候具體還要做些什麼呢？妳可以利用課餘時間培養自己的興趣愛好，這是一個不錯的選擇。不過千萬不要因為自己的性幻想而認為自己變成壞孩子了，這是毫不關係的兩件事。只要安排好自己的時間，保證學習的品質，安排豐富的課餘活動，妳的問題就會迎刃而解。

　　把自己的所有心思都用在活動上，在睡覺的時候就不會胡思亂想了。週末的時候和朋友一起玩玩遊戲，或者看一本自己喜歡的書也是不錯的選擇。不要看一些不適合青春期的妳看的電影或電視劇。

　　青春期的妳會遇到許多從前沒有遇過的問題，每到這種時候妳有小困惑或者小糾結都是很正常的，關鍵是要找到問題出現的原因和解決辦法，千萬不要被自己的小心思困住，和父母溝通，和朋友談心，出門散步，都是不錯的排解方式。

## 小小提醒

青春期的妳們還沒有分辨是非的能力，對於外界傳播的資訊不要一味地接受，那樣會給妳帶來不小的困擾。

要嘗試培養自己的興趣愛好，在課餘時間看看課外書或是去上自己感興趣的課程，都是很好的選擇。這樣做既豐富了生活，還能讓自己增長見識，順便還會降低出現性幻想的頻率。

天氣這麼好，青春這麼美，為什麼要躲在家裡呢？出門走走吧，多看，多聽，多學，多問，妳會發現許多曾經令妳困擾的問題早已煙消雲散，不見了蹤影。

# 我懷疑自己不是爸媽親生的

**？【我的困惑】**

上了初中以後媽媽變得更加嘮叨了，爸爸也老是問我班上哪個同學的成績好。他們總是告訴我這個不對，那個不應該的，愛拿我跟別人家的孩子做比較。

我一定不是他們親生的！他們跟我完全是兩個世界的人！

**【敞開心扉】**

千萬不要以為爸爸媽媽這樣做是不愛妳，也不要認為妳不是他們親生的，正因為愛妳他們才會這樣做呀。如果他們不愛妳，不疼妳，那怎會處處關心妳呢？

　　會產生這種想法，歸根究柢還是因為妳正處在一個走向成熟的過渡期。這時候的妳智力水準迅速發展，對問題也開始有了自己的見解，開始做一些自己認為對的事情，也開始跟風，看到別人做什麼妳就不自覺地也想去做，但分辨是非的能力卻還沒有那麼強。

　　面對家長的嘮叨，妳會十分不耐煩，甚至完全不能理解他們。於是妳就有了「叛逆」的念頭。妳想和同伴交流卻又有了一些顧慮，妳變得愈加敏感，有時跟男生交流也會不好意思。

　　妳開始有了廣泛的興趣愛好，也開始注意自己的形象，有了愛美的意識。這雖然是一個好現象，但一定要在不耽誤學習和生活的基礎上進行。愛美之心人皆有之，不過特別愛美可不是一個好現象，畢竟妳現在的主要任務還是學習。

　　丫頭，這個時候交友也要慎重。要知道，有些事情對妳是有害的，要學著自己分辨，千萬不要形成不好的習慣，那會影響妳今後的學習和生活。

　　妳也許還會遇到一些無法理解的人和事，但要時刻記得遇事須冷靜，不要衝動地下決定。隨著年齡的增長，妳會發現其實有很多事情本來就沒有妳想像中得那麼嚴重。

　　我親愛的丫頭，從現在開始做個快樂自信的小女生吧，讓想起妳的人會不自覺微笑，讓父母放心，讓朋友因妳而感到溫暖。學著愛自己，也學著將這份愛傳遞出去。

　　慢慢改變自己，也許會讓妳在剛開始時感到不自在，但是情況是會慢慢改善的。姐姐這裡就有三個小竅門，可以讓妳的心情好起來，也可以讓妳不再覺得那麼受束縛。

### 首先要學會理解他人

父母一直都是妳最親近的人，他們的嘮叨和有時的比較都是為妳好，出發點絕對是好的，這是一種關心妳的表現。父母和老師都希望妳能越來越好，能超越其他的孩子，能獲得更大的成功，收穫更美好的未來。所以他們偶爾嘮叨一點也是人之常情，畢竟渴望孩子成龍成鳳的心是我們可以理解的。

### 要學著控制自己的情緒

虛心地接受爸爸媽媽和老師的教育，有時還要學著在有些時候退一步，退一步才能海闊天空，只要在控制好自己情緒的基礎上嘗試與他們溝通，妳一定可以有意想不到的收穫。

### 努力提高自己的心理承受能力

這是最重要的一點，我可愛的丫頭，妳要逐漸去學著適應，努力提高自己的心理承受能力。怎麼能懷疑自己不是親生的呢？是不是自己的想法有些偏激了？我相信，只要能想清楚這些，那妳跟爸爸媽媽的矛盾就能解決了。

## 小小提醒

　　青春期是一個充滿了不安和躁動的階段，在這個過渡期裡妳一定要學著適應，也要學著轉化自己的煩悶情緒。多多理解父母和老師，好好地控制自己的情緒，千萬不要因為一時的痛快就做一些偏激的事情或者說一些偏激的話。要知道，只有真正在乎妳，真正愛妳的人，才會時不時地對妳嘮叨。

　　只要妳心裡清楚這些，相信這些矛盾就都不再是問題，妳要記得，妳一直是父母和老師眼裡最棒的那一個。

# 加入班裡的「小團體」
# 是好是壞？

**? 【我的困惑】**

班上的同學總是三個一夥、五個一群，我和幾個聊得來的同學也成了別人眼中的「小團體」，這讓我很鬱悶，我該脫離他們嗎？可是他們是我最好的朋友，我該怎麼辦？

**➜ 【敞開心扉】**

有沒有發現班上關係特別好的同學總是放學一起回家，寫作業還在一起，就連課間也捨不得分開，總是湊在一起？

　　每每看到這樣的情況，你們就會不自覺地把他們歸為「小團體」，覺得他們這樣做是一種脫離團體的行為，也想著他們這樣做是不好的。

　　可是當妳也成為了「小團體」中的一員時，妳並不覺得有什麼不好，反而覺得跟好朋友在一起特別輕鬆，課餘時間也豐富了不少，但卻因此而遭到了別人異樣的目光，那到底這個「小團體」是好還是壞呢？

　　其實「小團體」裡的人僅僅是因為關係比較好，有共同的興趣愛好所以才在一起。這些「小團體」有好也有壞，不過只要你們能夠處理好自己同班集體其他同學的關係，這些問題自然就會消失不見了。

　　首先要分清楚這是積極的「小團體」還是消極的「小團體」，一個積極的「小團體」不僅可以讓妳的學習成績有所提高，還能培養妳優秀的品質。

　　在這個「小團體」中，你們可以互相幫助、互相學習，不論在生活還是學習上都能產生一種積極的影響。這樣的「小團體」不僅對妳有好處，還有利於班級的整體提高。

　　這種「小團體」是我們提倡的，因為這樣的團體會在班級裡形成一股積極的勢力，進而調動整個班級的學習氣氛。在這樣的環境下，你們會學到更多的東西，不僅可以學到團隊合作，協調能力還會得到鍛鍊，而且還會收穫很多的友情。

　　如果妳所處的恰好是個消極的「小團體」，那就要注意了。一個人是可以從很大程度上影響另一個人的，更何況是一個「小團體」。消極的團體會讓妳日益墮落，對學習提不起精神，上課經常恍神，成績還會因此下降。長期如此，後果是很嚴重的，所以一定要謹慎選擇去留。

　　其次你們要注意多多聽取別人的意見，比如同學對你們的看法以及老

師的態度。不管最終的結果是什麼，多多傾聽總是不會有錯的。無論別人對妳有什麼樣的看法，你們都要試著去聆聽，只是要自己好好地分析一下，懂得聽取有益於自己的部分。別人對妳有意見，這不是也正好說明別人在關注妳嗎？

丫頭，要學著客觀地看待這件事情，如果妳自己還是拿不準主意，那就多多跟父母和老師溝通吧，他們一定會為妳提出合理的建議。在他們的引導下，相信妳一定能很快學會怎樣處理好類似的問題。

### 小小提醒

當自己不小心成了「小團體」的一員時，一定要客觀地看待這個問題呀。所謂當局者迷，有時候從別人的角度看待問題才能找到更好的解決辦法。

保持良好心態，端正學習態度，遇事多與家長和老師溝通是個不錯的選擇。加入「小團體」到底是好還是壞，我相信妳的心裡一定早有答案了吧。

# 我和閨蜜絕交了，心裡很難受

## ? 【我的困惑】

今天我跟我的好朋友鬧翻了，她是我的閨蜜，可是我們已經絕交了，心裡真不是滋味。

## ➡ 【敞開心扉】

所謂閨蜜，就是那些受過考驗之後還能跟妳在一起玩鬧的人，是妳受傷時安慰妳的人，也是妳得意忘形時潑妳一盆涼水的人。妳們是無話不說的好朋友，也是人生的知己，雖然偶爾也會產生衝突，但彼此都不會在心裡怨恨對方。

丫頭，雖然妳們看起來是絕交了，但是妳心裡還是想著她的對不對？

妳們心裡也許都還有彼此，既然妳們是閨蜜，就一定不會因為一時的爭執，而輕易地為友誼畫上句號。

所以，先靜下心來好好想想整件事情的來龍去脈吧，不要再煩惱了。要知道閨蜜是一定不會這麼輕易就分開的，也要相信，此時她一定也很難過，也在想著怎樣和好呢。

既然和閨蜜產生了衝突，就要靜下心來好好反思一下。也不要吝惜「對不起」這三個字，先低頭認錯沒什麼不好意思的，也沒什麼大不了，誰都不會因此小看妳。

如果很在乎這個朋友，也不想失去這個朋友，偶爾低頭又有什麼關係呢？更何況是在自己的閨蜜面前，完全沒必要害羞和膽怯。

想想妳們之前一起走過的路吧，回憶是一件很美的事情，那些回憶或許並不完全是快樂與歡笑，還會有妳們鬧脾氣、賭氣的時候。但是這些事情卻同樣是妳們最珍貴的回憶，現在想想是不是還會感到很甜蜜啊？

這些回憶是人生中最珍貴的東西，想想這些事情會讓妳的心平靜下來。想想她的好，再看看現在的妳們，妳會不會突然發現些什麼呢？這些小衝突是不是顯得特別渺小？在妳們偉大的友誼面前，再多的爭執和衝突都是微不足道的。

我親愛的丫頭，吵架或是鬧翻真的沒什麼大不了，分析完整件事情再主動道歉是個不錯的解決辦法。如果實在不知道怎麼辦，也可以找個人傾訴，千萬不要讓這種情緒一直續下去，當心憋壞身體，一顆愉悅的心才是開心生活的基礎。

好好問問自己，如果真的放不下這段感情，那就先向她伸出手吧！說不定她也只是放不下自己的那份矜持，但其實也在等著妳呢。

## 小小提醒

閨蜜是一輩子的好朋友，她可以聽妳的嘮叨，包容妳的小脾氣，還能時常開導妳，當然，妳也會對她這麼做。

閨蜜得之不易，因為吵架而絕交是不是很不值得？深呼吸，然後整理自己的思緒。不開心的事情很快就會過去，有些事現在不做就會變成遺憾，那為什麼不趕快採取行動，還在一個人煩惱地等待呢？

丫頭，勇敢一點，伸出妳的雙手，去擁抱妳曾經、現在和未來的閨蜜吧。

# 怎樣才能預防牙痛呢？

### ？【我的困惑】

我都快被嘴裡的那顆蛀牙折磨死了，每天都沒心情上課，還得用手托著腮幫子。媽媽帶我去拔了牙才好了一些。

我該怎麼做才能避免再次發生這種情況呢？牙痛真的好難受啊！

### ➡ 【敞開心扉】

哎呀，像妳的這種煩惱，很多人都有過。悄悄告訴妳，姐姐小的時候去拔牙還哭了呢。

俗話說：「牙痛不是病，痛起來要人命。」牙一痛起來，我們好像什麼辦法都沒了，真是難受。在牙痛的原因當中，最常見的就是齲齒了。

　　齲齒就是我們常說的蛀牙，小時候大人們會這麼告訴妳：「妳的牙被蟲子吃掉了。」但事實可沒那麼恐怖。

　　簡單來說就是有細菌在妳的牙齒上滋生，把牙齒給腐蝕掉了。一旦失去保護，牙齒的內部就會暴露出來。人在吃東西的時候，觸碰到裡面的神經，就會感到疼痛了。

　　小時候我們的牙齒小小的，有的人還有些不整齊，那套牙齒叫作乳牙。我們的一生會有兩套牙，一套是乳牙，而另一套就是在乳牙掉了之後長出來的恆牙。

　　青春期的妳們恆牙已經長齊了，這套牙齒可是要伴隨我們一生的，等老了之後牙齒掉光光也不會再有新牙長出來了。所以我們更要愛護牙齒，也要學會保護牙齒。

　　媽媽和老師是不是都教育妳們要早晚刷牙呢？其實愛護牙齒，首先就是要從注意保持口腔衛生做起，而最直接有效的辦法就是刷牙和漱口。

　　牙要每天早晚各刷一次，吃完飯之後還要漱口。

　　相比於早晨刷牙，睡前刷牙更重要，因為口腔內的菌群在晚上活動得最頻繁，細菌一旦繁殖就會危害我們的牙齒，也就會出現齲齒了。

　　刷牙也是要講究方法的，刷牙的方式不正確，牙就白刷了，也完全達不到清除細菌的目的。

　　要注意刷牙時要上下順著刷，而不是左右橫著刷，還要注意刷到裡面的後牙和牙齒的咬合面，這樣才能徹底清除我們口腔裡的髒東西。每次刷牙的時間要在三分鐘以上，低於三分鐘也是無法將髒東西清除乾淨的。

　　除了要按時刷牙和飯後漱口以外，在飲食上也要注意。多多食用粗糙、富含纖維的食物，這樣可以幫助我們鍛鍊牙齒周圍的組織，還能摩擦我們

牙齒的咬合面，充分地咀嚼也可以讓食物的殘渣不在口腔內停留。

很多女孩都喜歡吃小甜點，不過為了我們牙齒的健康，少吃甜食也是很重要的。因為那些甜食是細菌的營養物質，一旦得到了營養，細菌就會更快地繁殖，也就會加大我們出現蛀牙的機率。

最後，就是要定期地去檢查牙齒了。

檢查牙齒可不像拔牙那麼疼，所以千萬不要害怕啊。定期檢查可以讓我們及早發現牙齒出現的問題，並且能夠及時到醫院進行治療。

什麼病症都是一樣的，越早發現越早治療就越容易治好，可不能以為沒什麼大不了的就拖著不去看醫生，這樣很容易造成牙齒疼痛難忍的情況出現。也許本來只需要補一下牙，可是就因為拖著不去看，到最後就只能選擇拔牙了，拔牙可是很疼的。

雖然說牙痛起來簡直要人命，但是，如果我們想預防，也並沒有想像中那麼難。只要按照上面提到的幾點，注意保持口腔衛生，還有在平時注意飲食，那就一定可以擁有一口漂亮又健康的牙齒啦。

## 小小提醒

　　保持口腔衛生中很重要的一點就是要定期地更換牙刷，妳的牙刷會用多久呢？是用到毛都沒了還是會定期更換呢？其實一支牙刷的有效使用壽命只有短短的三個月，在那三個月的時間裡，妳每天早晚都刷牙，所以牙刷上早已經沾了很多的細菌。而且細菌還會在牙刷上繁殖，雖然表面上看起來這牙刷並沒有損壞，但實際上它已經被細菌侵占了。

　　所以，千萬不要因為節省或是懶得去買新的就一直用一支牙刷呀，牙刷用三個月左右就要扔掉，記住了嗎？

# 我好討厭上學，可以不去嗎？

**？ 【我的困惑】**

真是煩死了，每天都要很早起床，都還沒有睡醒呢，睏死了。然後又要上一天無聊的課程，放學之後還要寫作業，弄得我都沒有休息的時間了，我好討厭天天上學，難道不去上學真的不行嗎？上學究竟有什麼用？

**➡【敞開心扉】**

作為學生，不去上學當然是不可以的。剛進入青春期的妳們，正處於叛逆期，心智尚未成熟，每天只想著玩樂是很正常的事情。再加上外面的世界很美好，各種好玩的都在誘惑著妳。

而相比之下，學校裡的生活，整天都很枯燥無味，除了學習還是學習，

連遊戲時間都少得可憐。每週一、兩節的體育課，是妳們唯一可以放鬆的時間，但是其餘的時間，妳們都只能埋頭認真學習。

這樣的學習壓力，讓人不堪重負，再加上青春期時的妳們都有賴床的習慣，為了上學還要起個大早，這就更讓人討厭學習啦。

而且，其實不只是學生們討厭上學，就連很多老師，也同樣討厭教書。他們每天要面對各式各樣的學生，還要備課，久而久之，也會產生了一定的負面情緒。帶著這樣的情緒上課，課堂更容易變得無聊，也讓妳們這些學生越來越不喜歡上課。不過，無論妳怎樣討厭上學，也絕對不能輕易放棄上學。

哦，對了，我想妳一定也經常聽說「九年國民義務教育」這幾個字。「義務教育」，是根據憲法規定，適齡兒童和青少年都必須接受，國家、社會、家庭必須予以保證的國民教育。

其實質是，國家依照法律的規定，對適齡兒童和青少年實施的一定年限的強迫教育制度。既然是「強迫教育」，那麼也就是說，所有人都必須遵守的。如果妳就這樣突然放棄了學業，選擇輟學的話，豈不是違背了國家的規定？不僅如此，對妳自己而言，放棄學業也有很大的負面影響。想想，當今社會發展得如此迅速，所有人都在努力學習，接受新的事物，如果不緊跟上時代的步伐，就會被社會拋棄。而在學校學習知識，就是提高自己能力的最好途徑。如果妳不去學校，妳要怎麼學習新知識，怎麼保證自己不被社會拋棄呢？

不是有一句話叫「活到老，學到老」嗎？而且，還有七十幾歲考上大學的人呢，既然人家都能做到，妳怎麼能夠輕言放棄呢？

所以，還是乖乖去學校好好學習吧！

## 小小提醒

學習對我們每一個人來說都很重要，如果不想脫離社會，就必須豐富自己的知識，只有這樣，才能不與社會脫節。將來步入社會的時候，也才能懂得更多，變得更加自信。

# CHAPTER
## 6

## 學會保護自己的身體

　　青春期對每個人來説，都是既美好又危險的。這個階段的少男少女充滿朝氣，就像是早晨八、九點鐘的太陽。在他們看來，一切都是充滿陽光和希望的。

　　而伴隨著青春期而來的，還有生理和心理上的巨大變化。這些變化往往會讓正處於青春期的他們措手不及，不知道該如何面對。處理不好，就會對他們的身心帶來巨大的傷害。尤其是對女孩來説，生活中有很多地方，稍不注意就會給人生留下遺憾。

　　小丫頭，夏天的時候，看到自己鼓起來的小胸部，妳是不是也曾感到尷尬，想到要束胸呢？面對市場上種類繁多的胸罩，妳是不是也感到很無力，不知道究竟哪一款才是適合自己的？「大姨媽」來串門的時候，若是正好趕上了體育課，妳是不是也很鬱悶，不知道該怎麼辦？請假怕老師生氣，可是不請假，身體又不舒服。看到漂亮的高跟鞋，妳很想穿一下，但媽媽不允許，説這樣會傷害腳……

　　「學會保護自己」進入青春期之後，這樣的一句話，是不是經常聽到？但究竟該怎樣做，才能正確地保護自己呢？

# 胸前鼓鼓的，好丟臉，
# 我能束胸嗎？

**? 【我的困惑】**

這段時間突然覺得自己胸前的「小豆豆」變大了，尤其在夏天穿衣服的時候特別明顯，別人的就沒有我這麼明顯。好尷尬，我能不能束胸啊？

**➡ 【敞開心扉】**

小女孩，先不要難過，現在的妳應該感到開心才對呀。這種情況，說明妳的胸部發育得很健康，完全沒有發育不良的現象，甚至比其他女孩發育得都還要好呢，這是件應該高興的事。

胸部的發育是我們女孩特有的，也是妳擁有曼妙身材的前提。現在的妳覺得胸前的「小豆豆」突出來會尷尬是很正常的心理，但是等到妳長大了，妳才會真正理解胸部發育的重要性，這是多少女孩夢寐以求的事啊。

有的人因為胸小，還會特意找一些偏方來增大胸前的「小豆豆」。所以說，妳看到自己的胸部發育得很好應該高興才對。

其實出現這種情況一點也不用擔心。女孩擁有美好的胸部，才是最好看的。只有那些平胸的女孩才會擔心自己的胸部。和妳一樣有這種疑惑的女孩很多，但妳們的擔心是多餘的。

話雖然這麼說，但如果妳還是會因為自己的胸部比其他同學的都大而覺得很尷尬，覺得不自在，一心想要束胸的話，那麼就先看完下面這些束胸的影響再決定吧。

首先，在束胸的過程中，心臟、肺等器官也會受到束縛，進而導致內臟器官無法正常發育和胸部發育不良。那麼緊的內衣勒在妳的身上，想一想都會覺得難受吧？

其次，束胸必然會影響胸式呼吸。我們的呼吸是由胸式呼吸和腹式呼吸組成的，如果影響了其中一個，必然會造成氧氣供應不足，這對身體是極其有害的。想一想，如果妳每天都讓自己的身體處於氧氣供應不足的條件下，妳的身體還怎麼能健康呢？

最後也是最重要的，那就是束胸還會影響乳房的正常發育。想像一下，如果乳房長期處在一種被勒緊的狀態下，乳房中的血液勢必會流通不暢，進而產生疼痛感，甚至會影響乳房的健康發育，還會影響妳的整體美觀，到那時，妳就沒辦法變成自己心目中的小美女啦！

看了我的解釋之後，妳是不是對束胸的危害已經有了大致的瞭解呢？

聰明的妳一定知道自己該怎麼做了吧。

　　乳房的發育本就是一個正常的生理現象，是我們人為不能阻止的，所以就順其自然吧。挑選幾款材質舒適的內衣穿，如果還有困惑就向媽媽諮詢一下，媽媽是過來人一定知道該怎麼做，所以，不要再難過了！

### 小小提醒

　　很多女孩會在乳房發育的初期產生一種羞澀的心理，認為自己這樣特別引人注目而從心裡感到不適。這時候一定要保持良好的心態，積極地面對青春期的種種身體上的變化。

　　不要擔心這些問題，很多問題都是女生必須經歷的。所以，學著坦然地面對吧！每一段經歷都是我們成長中的寶貴財富，而只有經歷了這些，我們才能變得更加美麗與自信！跟束胸說拜拜吧，挺起妳的小胸部，自信的女孩才是最美的！

# 怎麼選擇適合自己的胸罩？

**？ 【我的困惑】**

去買內衣的時候，發現商店裡有很多樣式，有的大有的小，有的厚一點有的薄一點，我該選哪種才是真正適合我的？

**➡ 【敞開心扉】**

我們的丫頭開始著手要真正地呵護乳房啦！如何選擇適合自己的胸罩呢？這個問題我可是很有研究的，讓我慢慢向妳道來。

首先妳要知道自己的三圍數字，三圍的很大作用就是在買衣服的時候，能夠幫助妳正確地挑選適合自己的衣服，而在選擇胸罩時，這些資料也可以派上大用場。

　　因為決定胸罩大小的因素並不僅僅在於乳房的大小，還在於身體的胖瘦。所以選擇胸罩時就要全方位地考慮三圍和罩杯的大小。

　　妳一定也已經發現，有些胸罩會特別標注了有聚攏的效果吧！那是為了彌補乳房不夠豐滿的缺陷，不過正處於青春期的妳暫時不需要這類胸罩。

　　知道了自己的三圍之後就要測量下胸圍，所謂下胸圍，就是背部連接乳房下緣的圍長。用胸圍的資料減去下胸圍的資料，就可以得到妳適合穿的罩杯類型。一般來說，10公分以內適和穿A罩杯，12.5公分左右的是B罩杯，15公分左右的為C罩杯，17.5公分左右的就應該穿D罩杯。

　　而胸罩尺寸就是下胸圍尺寸。所以，如果妳的胸圍尺寸是72.5公分，下胸圍尺寸是60公分，那麼妳就應該穿60B的胸罩。

　　如果胸部比較豐滿，就選擇略薄一點的胸罩，不那麼豐滿就選擇稍微厚一點的吧。但是要記住一點，胸罩可不是越緊就越好，而是要根據舒適程度來選擇，太鬆會達不到穿胸罩的效果和目的，而緊了又會使妳感到不適。

　　有些胸罩看起來不錯，但其實是粗製濫造的產品，這時就需要妳擦亮眼睛。一款合適的胸罩應該能讓妳穿著舒適，更能矯正胸形，讓妳的乳房更加健康地發育。

　　怎麼樣？這個問題我是不是回答得很專業？

　　現在的妳是不是對如何選擇適合自己的胸罩有了一定的瞭解呢？如果妳覺得太過麻煩，那就諮詢一下媽媽吧，媽媽可是很會挑選內衣的。

　　一款舒適的內衣不僅能讓我們的身體感到舒服，更能很好地促進我們乳房的發育，為乳房的發育提供一個更好的環境。呵護乳房就從選購一款合適的內衣開始吧。

## 小小提醒

　　選一款適合自己的胸罩可是很重要的，選對了不僅穿著舒適，更能達到美觀的效果。但如果選擇得不適合，那可就慘了，不僅日常的穿戴會不舒服，更會阻礙乳房的正常發育，千萬別只圖樣子好看就輕易地選擇，要知道適合自己的才是最好的。呵護乳房只是一個開始，要做好各種充分的準備，面對接下來的挑戰。

# 我的「大姨媽」是不是
# 不正常呢？

## ？【我的困惑】

「大姨媽」有時候量多有時候量少，有時候又不來，我的「大姨媽」正常嗎？如果這是不正常，那什麼樣的「大姨媽」才算是正常呢？

## ➡【敞開心扉】

看樣子妳好好觀察了每次月經的情況，這樣做的是很好的。青春期的妳還正在發育，所以月經週期不穩定，血量不穩定都是正常的現象。如果青春期之後還是這種情況，就需要提高警覺了，說到正常的「大姨媽」，

還真有幾項標準來判斷。

　　首先就是月經週期。雖然每個女人的月經週期不盡相同，但一般都在21天到35天之間。最關鍵的是看月經來得準不準時，當然，偶爾出現不穩定也不用太在意，平常心就好。

　　其次就是月經量。一般應該保持在30ml—50ml，經期持續3—7天，月經過多或是過少需要妳從平時的習慣中找原因。

　　不知道妳有沒有遇過出血塊的情況呢？少量的血塊是正常的現象，一般血塊會出現在早晨剛起床時或是久坐之後。但是如果出現了好多的血塊那可真的有點嚇人了，這時就需要找醫生諮詢了。

　　如果突然有一個月或是好長時間月經都沒有來的話，首先要想是不是懷孕了，不過我想這種事情發生在妳身上的機率一定很小。排除了懷孕的可能性之後，就要想想妳最近都做了什麼，長時間的旅行或者很大的生活、心理壓力，都可能導致月經的週期發生變化，甚至不來。

　　劇烈運動和減肥過度也可能對月經週期產生影響，所以保持健康的心態和健康的生活方式是很重要的。

　　平時也可以對自己的月經週期做一個小小的記錄，把出現過的不正常的現象詳細地記錄下來，方便以後檢查的時候給醫生提供一些線索，也可以讓自己更加瞭解自己的身體。

　　除了以上提到的幾個標準，在日常生活中也要注意飲食情況和個人衛生，避免細菌侵入的同時讓自己保持良好的狀態，這樣發生狀況的機率就會大大降低。

　　也可以在必要的時候諮詢老師，如果不好意思的話，那就多多問問媽媽吧。

### 小小提醒

平時要多注意自己身體各方面的變化，這樣遇到問題的時候也好儘快找到解決的方法，避免方寸大亂。

月經對我們女生的影響很大，它的規律和正常直接保證了我們的生殖健康。所以一定要多留心，為將來能夠成長為一個更加美麗的女孩努力。

# 月經來時應注意什麼？

? 【我的困惑】

雖然已經學到了許多有關身體變化的知識，但是月經來的時候具體應該注意些什麼呢？我總是記不住。

→ 【敞開心扉】

其實，我們前面已經有很多的地方都涉及了月經期間應該注意什麼的問題，既然這裡又問到了，那這次我再仔細整理一下，丫頭，這次妳可要用心記住喲。

月經期間需要注意的問題整體上分三個方面。首先就是個人的心態，說白了就是要有個好心情，要保持精神愉悅，儘量避免有大的情緒波動。

其實我們應該察覺到了，月經期間，我們的脾氣會比平時暴躁一些，還會出現對別人不耐煩的現象，這些情況是正常的，不用過分擔心和緊張。

其次要從飲食上注意。飲食算是比較重要的一個方面，因為有很多女孩在平時對飲食的注意不夠，往往在月經期間還吃一些刺激性的食物，這很容易造成月經量減少或是痛經。

月經期間儘量不要吃生冷的食物，或是酸的、辣的等刺激性食物，還要多多喝水，新鮮蔬菜和水果可以多吃，這對健康有益。

如果平時身體比較虛弱，那就要特別注意在月經期間補充營養了，多喝牛奶，雞蛋、豬肝和菠菜也是必備的食材。如果月經量比較多就不要再喝紅糖水了，這樣不僅不會讓妳感到舒服，還會造成更多的出血。

第三個方面就是個人衛生。首先要從貼身衣物做起，內褲最好是棉質的，還要有良好的通風透氣性能。這些條件還要配合上妳的工作，內褲要勤洗勤換，避免細菌的滋生，洗好的內褲最好讓陽光曬乾，這樣就會更加保險了。

還有就是衛生棉要勤換，有些女孩覺得頻繁地上廁所會不好意思，其實完全不用害羞，妳們只是在進行一項很平常的「工作」，所以下次來月經的時候，不要不好意思啦！

月經期間也要經常清洗外陰，這樣才能最大限度地預防感染，對自身能有良好的保護。如果是冬天，那就一定要注意保暖問題了，月經期間的妳們是受不了涼風的，當然冷水也要避免接觸，還要避免太過勞累！

這裡我們又說了這麼多有關「大姨媽」的事情，再加上之前我們說過的那些，不知道妳對「大姨媽」是不是真正瞭解了呢？妳們都是新一代的女生，要對自己好一點，這才是妳們應該做的事情。那麼，在日常生活中，

妳們還要做些什麼呢？

　　首先要做到的是營養均衡，這就要求妳們對食物不能那麼挑剔。其次就是要注意補充一些微量元素，當然，也要多多補充鈣質。鈣質不僅可以讓骨骼更加強健，還有減輕經期腹痛的作用，而鎂可以改善身體吸收鈣質的情況，所以在月經前後補充含鎂的食物也是很必要的。

　　最後就是要禁菸酒了，菸酒對身體的傷害是有目共睹的，而酒精更是會在月經期間加重肚子的疼痛，所以應該儘量避免。

## 小小提醒

　　在「大姨媽」來串門子的那幾天，妳們一定要照顧好自己，好好地呵護自己的身體。在食物的選擇上要多多注意，還要記得不要用冷水洗頭、洗腳等。

　　做到了以上幾點，就可以安全地度過那幾天啦！

# 經期間的體育課怎麼辦？

### ？【我的困惑】

有時候「大姨媽」來的日子剛好遇上我們班有體育課，可是我既不想請假，一節課坐在旁邊看同學們運動，又不想因為運動而對身體造成什麼影響，我該怎麼辦？

### 【敞開心扉】

丫頭，妳太謹慎啦。其實只要不是碰到血量特別多的那兩天，上個體育課是可以的，並不會對身體造成什麼大的影響。

很多女孩都選擇在月經期間不參加任何體育鍛鍊，覺得體育鍛鍊對身體的影響會很大。但是仔細留意我們前面提到的經期注意事項，裡面是說

不能太過勞累，不能做激烈的體育運動，但是做個熱身運動是沒問題的。

　　其實月經是一種很正常的生理現象，雖然要格外注意月經期間的運動量，但是只要運動量不是太大就沒問題了。可以像往常一樣上體育課，但如果是跑步或者是體能測試，還是請假的好。

　　如果每到月經期，妳都在旁邊看同學們盡情玩鬧，妳也會覺得無聊吧。時間久了，體育老師說不定還會對妳有意見呢。所以，請假是可以的，但不能每次都請假。因為我們在月經期間也沒那麼虛弱，只要不進行激烈的體育運動就好了。

　　對大部分的女生來說，月經期間做做活動腰部的體操對身體有好處，不僅能減輕疲勞感還能讓妳們的腰桿更直，還能透過這樣輕鬆的運動來轉移注意力，使妳們的心情好起來。

　　放心，丫頭，月經期間雖然有種種注意事項，但只要不越過限度就完全沒問題了。知道了這些，下次體育課的時候，就去試著做一些改變吧！

　　當然，如果碰上痛經或是月經量很多就千萬不要逞能，跟老師請個假。如果碰上比較嚴格的老師，就大膽地說出自己的難處，我相信體育老師會體諒的。

　　所以，不要再為上體育課的事情糾結了，這件事沒那麼難辦，只要多注意運動量就完全沒問題了！

### 小小提醒

雖然有很多需要注意的地方，但也千萬不要草木皆兵。做運動量小的運動是可以的，參加一下勞動也是可以的，只是別讓自己太過勞累就好了。再說，偶爾運動一下還能疏鬆筋骨，也算是一種養生的方式。

千萬不要讓自己在同學和老師眼中，變成弱不禁風的大小姐，妳們可是新時代的陽光女生呢！

276

# 為什麼要經常清洗屁股？

## ？【我的困惑】

媽媽常告訴我最好每天都要清洗屁股，我不覺得髒呀，為什麼還要經常清洗屁股呢？

## ➡【敞開心扉】

其實清洗屁股就是清洗我們的外陰，要回答為什麼要經常清洗屁股這個問題，就要先從外陰的構造講起了。也許會有些難懂，不過妳可要耐心地看完喲。

女性生殖器分為外生殖器和內生殖器兩部分，我們在清洗時接觸到的都是外生殖器，也叫作外陰，在這裡我著重介紹外陰。外生殖器一般包括

大陰唇、小陰唇、陰蒂、尿道口和陰阜等。

青春期的妳一定要格外注意外陰的衛生情況，妳們正處在代謝旺盛的時期，汗腺和皮脂腺的分泌物增加，大小陰唇的皺襞部位很容易累積髒東西。

這些髒東西，就像是藏在縫隙裡的灰塵一樣，不易被發現也不好打掃，所以才會給妳外陰並不髒的錯覺。而且如果妳本身有點胖的話，這種情況就會越發明顯。再加上外陰較易受到細菌的侵襲，因此很容易出現感染、發炎和搔癢的症狀，所以要常常清洗。

而且，由於尿液、白帶、月經等的排出，所以我們的外陰會經常處在潮濕的環境之中，而細菌就喜歡在潮潮的地方滋生，所以一定要經常用清水清洗。

這裡我就著重介紹一下如何保持我們外陰的衛生。

首先妳們需要準備一個專用的小盆子，千萬不要和洗腳盆搞混。還要準備好專用的毛巾，這個時候的妳們是不需要準備女性清潔液的。除非必須，且是在醫生的建議下，否則儘量不要使用這種東西，女性清潔液很容易使妳們的外陰受到刺激。一般只需要溫開水就足夠了，一定要記得是溫開水。冷水是不可以的，尤其是在月經期間，一定要記得這點。

其次就是要選擇透氣性好的材質的內褲，最好是純棉的。還要養成擦屁股從前往後擦的習慣，這樣能降低細菌進入陰道的機率。在清洗的時候，也要從前往後清洗，這樣才是正確的清洗方式，所以，健康要從清洗開始。

內褲也要勤洗勤換，一定要盡可能地保持外陰的乾燥和清潔，這樣既不會有異味產生，又有利於身體健康。

最後就是經期衛生。要特別注意白帶的情況，如果白帶量突然增多或

是白帶有異味，一定要及時到醫院找醫生諮詢。

我們已經在很多的章節都提到了注意個人衛生這一點，這不僅是一種很好的個人習慣，更直接關係到我們的身體健康，所以一定要注意。

已經有良好習慣的就繼續保持，如果之前會偷懶，那就在看完書之後馬上開始習慣養成計劃吧！這可是很划算的，會對妳今後的生活產生很大的影響。

## 小小提醒

一定要做勤快的小女生喲，勤換洗內衣，還要注意經常清洗外陰。當然，我知道一定會有些女孩偷懶，但偷懶可不是一個好現象，因為勤快這個好習慣可是會讓妳受益終身的。

# 裸睡很舒服，但是否健康呢？

我經常裸睡，總覺得裸睡非常舒服，但是又不知道這樣的習慣是不是健康。我知道很多同學都有裸睡的習慣，這樣到底是不是健康的啊？

**【敞開心扉】**

提到裸睡，經常有人把它和無拘無束聯繫起來。有些人認為裸睡很舒服，當然也有些人認為裸睡是很不文明的行為。不管怎樣，只要妳自己能接受就好。裸睡也是要分人分時間的，並不是每個人都適合裸睡。接下來，我們就一起來看看妳是不是屬於適合裸睡的人群吧！

所謂裸睡，就是脫掉衣物放鬆身心的睡眠形式。裸睡一方面給人一種

無拘無束的感覺，另一方面也增加了皮膚與空氣的接觸面，這對血液循環和汗液的分泌都是有好處的。正因如此，裸睡有助於放鬆心情，還能消除日常生活中的疲勞感，甚至還能緩解失眠、頭痛的症狀。

而對於女人來說，裸睡的好處似乎更多，更有裸睡是一種廉價保健方法的說法。裸睡能讓妳感到舒適愉快，解除了衣物對身體的束縛，自然可以放鬆身體。裸睡保證了皮膚的呼吸通暢，促進了人體新陳代謝的速度，更有調節神經系統的作用。裸睡還能在一定程度上治療因緊張引起的疾病，並且能促進血液循環，對失眠的人還能產生一定的安撫作用。

肌肉比較緊張，肩、頸、腰疼的人可以嘗試裸睡，裸睡可以在一定程度上緩解這些症狀。裸睡還有助於減肥，因為裸睡時，血液得到很好的循環，皮膚呼吸狀態良好，油脂自然會消耗得快。

雖然裸睡有如此多的好處，但是凡事都有兩面性，裸睡也有不好的地方。那就讓我們看看它的害處吧。

丫頭，我們要是選擇在冬天裸睡，家裡在沒有暖氣、空調等保暖的設施下是很容易會受涼，進而感冒的。

還有就是在我們裸睡的時候，床單、被罩上會留下很多的細菌，這對我們的身體是極大的隱患。

既然說到了健康的方面，我們就要多多關注一下自己的身體。對於正在生長發育的妳們來說，照顧好自己可是至關重要的。那麼，如何做才能夠保證自己的健康呢？就先從以下幾個方面開始瞭解吧。

夏天天氣溫暖、濕潤，枕頭容易滋生黴菌，所以，就需要我們時常曝晒枕芯來有效地抑制黴菌了，這樣做是有利於身體健康的。而且，我們還要保證每天有八小時的睡眠，只有擁有好的睡眠，我們才能擁有更多的精

力，不然頭腦是會變笨的。有午睡的習慣也是很好的，這樣可以延緩衰老。

　　早餐多食用番茄等蔬菜，還要多吃水果，這樣不僅可以養肝，還可以避免肥胖。喝優酪乳能緩解酒後的煩躁心情，還可以減少酒精的吸收。優酪乳中含鈣豐富，有利於補充鈣質。但是，在日常的飲食中，過多地食用蔥、蒜等刺激性食物會刺激口腔腸胃，不利於健康，平時要注意減少食用這類東西。但值得一提的是，少量地食用蔥、蒜可以預防多種疾病。從這點我們也能看出，食用要適量。

　　希望這些對大家有用，好好愛惜自己的身體，這樣才能更加快樂地生活。

## 小小提醒

　　提到裸睡自然會想到無拘無束，但裸睡也是要分情況的。如果體質不是很好，最好還是先鍛鍊身體再裸睡吧，以防傷風感冒。

　　經常裸睡的孩子可要注意了，一定要保持床單、被罩的清潔衛生，還要養成良好的個人衛生習慣，這樣一來，裸睡就是一個絕佳的保健形式了。

　　丫頭，如果妳剛好身體健康，並且有良好的衛生習慣，那就放心大膽地裸睡吧！

# 高跟鞋很好看，為什麼
# 我不能穿？

## ? 【我的困惑】

　　每次出門媽媽都會穿上漂亮的高跟鞋，有時候我也會趁媽媽不在家的時候試穿她的高跟鞋，可是媽媽告訴我，穿高跟鞋對目前的我不好，最好還是不要穿，為什麼會這樣？

## ➡ 【敞開心扉】

　　有句話說得好，「愛美之心人皆有之」。妳追求美麗的心情我能理解，但現在妳還處在身體快速發育的時期，妳的身體和骨骼還沒有完全定型，

媽媽當然會阻止妳，不允許妳穿高跟鞋啦。那麼穿高跟鞋到底會對妳的身體產生什麼傷害呢？

雖然穿上高跟鞋會使妳曲線玲瓏、風姿綽約。但並非每一個女孩都適合穿高跟鞋，尤其處在青春期的妳們就非常不適合。

處在這個階段的孩子，身體還沒有發育成熟，骨骼也沒有定型，在骨骼中軟骨的成分還比較多，而且在骨組織中水分和有機質也占有比較大的比例。這些情況直接導致了妳們的骨質柔軟，無法承擔很重的重量。而穿高跟鞋時，全身的重量都落在腳掌上，不像穿平底鞋那般，可以將身體的重量分擔給全足。

所以，在妳們這個年紀穿高跟鞋，會影響骨骼發育，時間久了還會影響骨盆的發育，更有可能為妳以後生孩子帶來麻煩。

我們足骨發育成熟的年齡大約在 15—16 歲，足骨的發育對我們來說是很重要的，因此在青春期，穿鞋子也要格外注意，因為鞋子會影響足骨的發育。同時還要注意日常的行為習慣，如果妳非要在這個時期穿高跟鞋，那等待妳的就是足骨的發育畸形，更嚴重的還會影響妳正常行走。為了愛美之心，付出這樣的代價是不值得的。

丫頭不要心急，等妳長大，骨骼發育成熟後，就可以自由自在地跟媽媽一起穿高跟鞋了。等到那個時候，妳也不用再擔心那些所謂的隱患了，所以何必急於一時呢？如果真的想穿有跟的鞋子，穿不超過 3 公分高的鞋子是可以的。

說了這麼多，妳應該知道怎麼選擇了吧？雖然這只是我們成長中眾多選擇裡的一個，但是卻關乎我們的健康，所以一定要好好考慮一下自身的情況。

## 小小提醒

丫頭又遇到難題了，美麗和健康到底該怎麼選擇呢？而這種美麗是不是妳們現在的年齡應該追求的呢？

有問題多問問媽媽，媽媽可是過來人，並且完完全全為妳著想。高跟鞋雖美，但還不適合現在的妳，就把它留到長大之後吧！

# 管不住自己的嘴，身材變胖了，怎麼辦？

**？【我的困惑】**

我也知道自己處在青春期，但就是管不住這張嘴，看到好吃的東西就想吃。那麼，青春期有什麼東西不能吃嗎？又有什麼東西吃了是對青春期有益的呢？

**➡【敞開心扉】**

丫頭，別著急，其實很多人都管不住自己的嘴，畢竟美食當前很少有人不受誘惑呀。不過，正處在青春期的妳在吃東西上倒是有不少的學問要

學。耐心地看完我的回答吧，妳一定會學到不少東西的。

　　青春期的妳們是最有朝氣的，不過這個時候的妳們，也是最沒有醫療常識的。因此掌握一些飲食上需要注意的事項就顯得很重要，畢竟有些食物會對青春期的身體發育造成不良的影響。

　　口味重的食物最好不要多沾，雖然酸、甜、辣的食物會讓妳胃口大開，但是吃多了未必是好事。尤其是喜歡吃辣的女孩，就應該格外注意，辣椒會使青春痘增加，也會在一定程度上引起痛經，所以還是儘量少食用最好。

　　高熱量的食物也儘量少食用，經過油炸的垃圾食品更是不要多吃。首先，我們沒辦法確保油的品質。

　　其次，油炸食品會刺激身體的發育，也會在一定程度上影響發育。很多人喜歡速食，但這類食物的熱量相當高，吃多了會使妳們發胖。然而減肥又會影響身體的發育，等到真的胖起來了，妳就會陷入兩難的境地。

　　另外，還有堅果之類的食品，會讓妳越吃越上癮，直到身材走樣才覺悟過來，可是已經太晚了。

　　奶油餅乾等零食，通常都會添加牛油或白糖，如果這些商品的成分標示不清楚，就儘量別買來食用。這類食品很可能熱量太高，會影響妳的身體健康。

　　聽了我的回答，妳是不是已經對青春期應儘量避免的食物有了一個大概的認識？

　　其實除了這些食品外，我們生活中還有很多食物可以選擇，像新鮮的蔬果，經常食用新鮮蔬果不僅能保持身體健康，還能為妳的發育帶來正面的影響。丫頭，妳的心裡一定已經有答案了吧？

**小小提醒**

　　雖然我們的身體正在發育，有很多的食物是要避免的，但是避免並不等於杜絕，千萬不要被這些字眼嚇到。只要在日常生活中多加留心，就能做到膳食平衡，就沒問題啦。

　　青春期的妳們發育迅速，除了在飲食上要多加注意外，還應在平時多進行體育鍛鍊，為了有一個健康又健美的身體而不斷努力。病從口入，肥胖也會從口入，多加注意沒什麼不好，丫頭，加油吧！

# 我駝背了，還能變回去嗎？

? 【我的困惑】

最近媽媽開始嘮叨我，說我跟駱駝一樣。她一見到我駝背就會朝我背上重重拍下去，真痛！我要怎樣才能變回去啊？

➔ 【敞開心扉】

呀，丫頭，妳怎麼駝背了！前面已經提過，不要因為自己乳房的發育而彎腰駝背，這很影響美觀的，那麼妳是因為什麼而駝背的呢？

處於青春期的妳，骨骼中的有機質成分比較多，有沒有發現，妳們的骨骼要比大人「軟很多」？妳們可以很輕鬆地彎下腰去，也可以做一些高難度的舞蹈動作。這時候妳們的骨骼韌性比較好，可塑性非常強，所以一

且不注意走路姿勢和坐姿就會出現駝背的現象了。

不管妳是因為乳房的發育而刻意走路縮著肩膀，還是在平時不注意自己的習慣，既然已經駝背了，那就要趕緊進行糾正，否則一旦骨骼定型，要再糾正就很難了！妳也不想一輩子駝著背那麼難看吧？

如何糾正駝背呢？首先一定要端正自己的坐姿，在課堂上聽課時不要因為疲憊就趴在桌子上，那樣雖然很放鬆，但是會對妳的骨骼造成很大的影響。走路時一定要讓肩膀向後自然舒展，挺胸抬頭、大大方方地走路，看書寫字的時候也不要把頭低得太低。

想一想妳的床，是硬板床還是軟床呢？雖然軟床很舒服，但是對妳們的骨骼發育有很大的負面影響，我小時候就是因為床太軟了才變成了駝背呢，不過後來我努力改正，現在已經絲毫看不出來了。硬板床會使我們的脊柱在睡眠時依舊保持平直，可以降低成為駝背的可能性。

體育課上也不要偷懶喲，認真做好課間操，好好上體育課，多多進行體育鍛鍊也是一種不錯的改正方式，擴胸運動的效果比較明顯，妳可以試一試。

不過還有一種可能，那就是妳的駝背是遺傳的。這種情況雖然比較麻煩，但也是可以後天糾正的。大部分的人駝背，還是自己平時的壞習慣造成的，當時不注意，覺得駝背走路會舒服得多，等到真的駝背了，就會開始煩惱，因為駝背的樣子真是不好看。

還有，日常也要注意營養均衡，畢竟骨骼還是需要足夠的營養才能健康發育。平時一定要挺胸抬頭地走路，晚上睡覺時儘量在硬板床上睡。只要按著以上幾個要點進行相應的調整，駝背的現象就能得到有效改善，慢慢妳就能恢復成原來的樣子了！

## 小小提醒

　　睡覺的時候不要枕太高的枕頭，跑跑步也是不錯的方式。不過一定要把握好限度，不要急於求成，讓自己身體負荷過大。駝背可不是一個好現象，丫頭，從現在開始改變吧！

# 「早孕」就是很早懷孕嗎？

### ？【我的困惑】

今天電視上有節目提到了早孕，什麼是早孕呀？是在不該懷孕的時候懷孕嗎？有哪些症狀可以說明自己早孕了呢？

### ➡ 【敞開心扉】

丫頭，早孕可不是指年齡不對的時候懷孕喲。

早孕是指懷孕的第 13 週末前，準媽媽完全感覺不到自己的肚子裡有了寶寶的那段時間。這段時間很多的準媽媽會產生畏寒、頭暈、噁心、嘔吐的症狀，這些症狀叫作早孕反應。

早孕有很多的表現。比較明顯的就是月經不來了，不過因為早孕往往

伴隨著噁心和嘔吐等症狀，所以也許在準媽媽還沒注意到自己月經沒來時，心裡就已經知道自己懷孕了。

一般早孕時準媽媽的體溫會增高，而且這種增高會持續一段時間。乳房也會跟著變大，同時變得更加敏感，甚至還會脹脹地疼。這是因為一旦懷孕，體內的激素就會大幅度的提高，而準媽媽的身體因還沒有完全適應，所以會產生發熱現象。不過等到 3 個月之後這種症狀就會消失了，因為身體一般已經適應了激素提高的改變。

還有一個現象就是準媽媽會突然感到疲倦，特別睏，甚至是嗜睡。不過這種情況也不會持續太長的時間，慢慢就會恢復到之前的樣子。

大多數的女性會在懷孕一個月之後出現孕吐的症狀，雖然也是有些女性整個孕期都不會出現這種情況，但是這種不出現孕吐的機率很小。等到了懷孕的中期，噁心、嘔吐的現象就會消失了。

準媽媽還會變得對氣味特別敏感，她們的嗅覺在不經意間靈敏了許多，不過這也導致她們一聞到油煙味就會噁心，就算是平時愛吃的菜有時也會覺得難以下嚥，容易影響食欲。這些改變都是因為體內雌激素含量突然上升造成的，到了懷孕後期，這些情況會有一些緩解。

準媽媽還會發現自己上廁所的次數在不知不覺中增加了，這是因為在懷孕期間，準媽媽的體液量增加了，膀胱的負擔加大，這樣自然就會使上廁所的次數增多。

懷孕之後許多的準媽媽開始變得愛吃，所以讓有些準媽媽開始擔心自己的體型。不過在懷孕時沒必要因為擔心身材而刻意地控制飲食，飽飽口福也是可以的。

懷孕的初期也是最容易流產的時候，一定要到醫院進行定期的檢查，

隨時關注肚子裡寶寶的情況，避免在出現意外時自己卻毫不知情，以致傷害了小寶寶。

解釋了這麼多，不知道現在妳瞭解了沒有呀？

**小小提醒**

懷孕初期就已經會出現這麼多的情況了，現在想想，當媽媽是不是很不容易，是不是覺得媽媽真是偉大呀？那麼就在今後的生活中多多體諒媽媽，多多照顧媽媽吧！媽媽可是這輩子最愛妳的女人喲！

# CHAPTER
# 7

## 學會抗拒誘惑

　　小丫頭，現在的妳是不是也經常會上網，喜歡和陌生人聊天呢？妳會將自己的真心話都和對方説嗎？妳有沒有想過偷偷背著爸爸媽媽去見妳的網友呢？我想妳一定動過偷偷去見網友的想法，只是妳並沒有實際行動。

　　妳也一定有自己喜歡的明星吧，看到他們身上穿著的衣服，佩戴的飾品，妳是不是也想擁有與他們同款的東西？妳是否注意到電視新聞或網路上經常出現的新聞，某某女孩失聯，幾天後發現她受害了！妳有沒有想過她發生了什麼事情？

　　小女孩，妳知道嗎？沒有什麼比保護自己的生命安全更重要的事情了。那麼，究竟應該怎麼做，才能保護自己呢？

# 「男朋友」竟然逼我賣淫

## ？【我的困惑】

兩個月前，一次偶然的機會，我認識了一個男孩。他長得很帥，只看了他一眼，我就迷戀上了他的容貌。他在我學校附近的超商上班，於是我們兩個人互相留下了聯繫方式，之後便一直有來往。後來他成了我的男朋友，再之後，我們兩個人發生了性關係。

不久前，他介紹了幾個朋友給我認識，但沒有想到這些人竟然對我動手，並強迫我拍了裸照，之後還逼迫我去賣淫。他們說這樣就能有很多錢，如果我不去，他們就會將我的裸照放到網路上。我該怎麼辦？

→ 【敞開心扉】

　　現在，妳也許已經明白了，妳口中所謂的「男朋友」，實際上是一個壞人。他奪去了妳的貞操，然後又將妳丟給他的那些好朋友，讓他們逼迫妳去賣淫。妳所經歷的一切，很可能在最初妳與這個「男朋友」認識的時候，就已經被設計好了，他們只等著妳上鉤。

　　要知道在這個世上，很多人都是帶著假面具做人的。我們雖然不能有害人之心，但是防人之心，保護自己的意識，一定要有。尤其是對陌生人，不能毫無防備地敞開心扉，將自己全身心都奉獻給對方。

　　再說賣淫這件事，正處於青春期的妳，身體和心理的發育都不健全，賣淫將會對妳的身心，帶來極大的傷害。

　　因為一時的衝動，妳已經和這個「男朋友」發生了性關係，未成年的妳，發生這樣的事情，也是不對的。要知道，偷嘗禁果，是會給妳自己帶來很大傷害的。

　　如果妳參與賣淫，那麼將來妳會遇到很多人，即使妳不願意和他們發生關係，他們也不會同意。因為他們付了錢，所以他們會逼迫妳，或許還會傷害妳。到時妳想後悔，都已經來不及了。

　　賣淫的人很容易患上性病，因為會面對形形色色的人。這些人身上是否攜帶疾病，妳無從瞭解。一旦發生性關係，那些疾病便會傳染到妳的身上，會對妳的身體帶來極大的傷害。想想都覺得很恐怖，是不是？

　　而且賣淫還會對妳長大成人之後的婚姻生活帶來不可彌補的傷害。如果妳未來的老公知道妳曾經參與賣淫，他是否能夠接受這樣的妳呢？我想很多人都無法接受。

　　丫頭，妳現在最應該做的，是要想辦法儘快逃離這些人。在能夠保證自身安全的情況下，向爸媽和警方尋求幫助。然後讓警方將這些人逮捕，以免有更多和妳一樣的無辜女孩受害。

## 小小提醒

　　不要以為參與賣淫的人就一定是女孩，很多男孩也會從事賣淫活動。而這些參與賣淫的男生中，有些是因為生活所迫而自願參與賣淫，還有一些則和妳一樣，是遇到了騙子。

　　這些被騙的孩子，不論男孩還是女孩，他們在壞人的逼迫下不得不參與賣淫。有些孩子因為無法承受賣淫所帶來的心理壓力，性格逐漸變得扭曲，甚至會變成嚴重的精神疾病。

# 認識的姐姐竟然教我吸毒

? **【我的困惑】**

　　不久之前，我在學校外面遇到了幾個小混混，他們向我要錢，我當時很害怕，都快哭了。正在這時，一個打扮十分帥氣的大姐姐走過來將那幾個男生趕跑了。我很感謝她，同時也很敬佩她，將她當成了偶像，於是我主動請她吃飯。後來我們兩個人還成了好朋友。

　　前兩天我去她家找她玩的時候，看到她正蹲在沙發前，鼻子貼著茶几，在吸白色的粉末。她看到我之後，也遞給我一包白色粉末，還說這個東西很好，吸了之後感覺非常好，一般人她不會給。看著她那副模樣，我不知道該怎麼辦，姐姐她是在吸毒嗎？

**→【敞開心扉】**

　　按照妳的說法，我想，妳猜測得很正確。妳認識的這個姐姐，確實在吸毒。

　　知道這樣的情況，妳是不是很害怕，同時也很傷心？

　　丫頭，雖然這個姐姐平時對妳很好，妳也將她當成自己的偶像，但妳千萬不要像她一樣接觸毒品，知道嗎？即使她說毒品很好，吸食之後會讓妳有飄飄然的感覺，能夠讓妳放鬆精神，妳也絕對不能接觸毒品。

　　我想，此時妳看到的姐姐，一定和妳平日裡看到的那個帥氣、陽光的姐姐有很大的不同。面前的她，可能雙眼迷離，頭髮髒亂，蹲在地上顧不得形象。看到這樣的她，妳是不是感覺很傷心？覺得是這可怕又可恨的白色粉末，將妳心中的偶像給徹底毀掉了。

　　我能理解妳此時的想法，因為就在不久之前，姐姐喜歡的一個明星，也因為吸食毒品，而被員警抓走了。

　　是毒品，讓他們走上了這條傷害自己的不歸路。不知道妳是否瞭解吸毒對身體的傷害。當初我上學的時候，學校經常會播放一些有關吸毒的紀錄片。那時候看到那些青少年因為吸毒，而變得人不像人，鬼不像鬼，我心裡覺得很恐怖，也因此對吸毒有了一個大概的瞭解。

　　我知道了吸毒會傷害我們的身體健康，還會損害家庭和社會的利益。也許妳會說，面前的姐姐除了毒癮犯了的時候，會有些奇怪之外，平日裡還是陽光燦爛，面帶微笑，沒有什麼大變化。但事實上，長期吸毒，會對身體造成不可恢復的傷害。

　　很多長期吸毒的人，都會身體消瘦，面色枯黃，嚴重的還會出現皮膚

潰爛的情況。之所以會有這樣的情況出現，是因為毒品的毒性會對身體造成影響。

吸毒時間過長，每次吸入的劑量過大，都會讓機體的功能失常，讓身體的免疫力下降。有些人還會透過靜脈注射毒品，這樣更容易感染各種疾病。

另外，吸毒還會危害家庭和社會的安定。因為毒品的價格都很高，如果一個家庭中，出現了一個吸毒者，為了購買毒品，這個人就會花掉家庭大量金錢。慢慢的，這個家也就要散了。

有人會為了支付昂貴的吸毒費用，而選擇透過犯罪的手段來籌更多的錢。搶劫、殺人都做得出來。因此，吸毒不僅傷害自己和家人，也對社會帶來了傷害。

## 小小提醒

正因為吸毒有這麼多的危害，我們才要極力反對吸毒。

丫頭，不知道妳是否想過，妳的這位姐姐當時為什麼會替妳趕跑那些欺負妳的男生，又為什麼會給妳毒品，讓妳嘗一嘗？事實上，有很多吸毒的人，他們為了支付高昂的毒品費用，而「以毒養毒」。說得簡單點，就是他們為了吸毒，而去販毒。他們故意誘惑身邊的人去吸毒，將其發展成下線，然後以向他們販毒所得到的金錢去買毒品，來供自己吸食。

# 約見有錢的網友，對方
# 要我陪他一夜

**? 【我的困惑】**

　　不久之前，我認識了一個網友。每次聊天，我們兩個人都聊得很開心，慢慢的，我也將自己越來越多的事情，都告訴了他。前幾天，他突然提出說要見我一面，當時我也沒有多想，就背著爸媽偷偷和這個網友見了一面。

　　直到見面的時候我才知道，原來這個網友並不像他資料中寫的那樣是跟我同年齡的人。他比我大二十幾歲，是和我爸爸一樣大的人。他看起來是個有錢人，那天是開著跑車來的。他人很好，請我吃了大餐，還親自將我送回家。後來我們二人又見了幾次面，就在昨天見他的時候，他說要我陪他一夜，他會給我很多錢。我該怎麼辦？是同意他，還是拒絕他呢？

→【敞開心扉】

　　小丫頭，我不得不說，妳真是一個做事不考慮後果，膽子太大的女孩。妳竟然敢背著爸媽，偷偷見一個陌生的網友。難道妳就沒有想到，自己會遇到壞人嗎？還好妳平安地回來了，要不然，真不敢想像，妳會遇到什麼事情。

　　不知道妳是否聽說過，有些女孩，就是因為偷偷見網友，結果出了事情。她們輕則失去錢財，重則失了貞操，丟了性命。

　　怎麼樣，看到我說的這些之後，再回想一下，是不是妳也有些害怕了？

　　就像我在前面所說的那樣，在這個世界上，並不是每個人都是好人，我們雖然總是說，這個世上好人很多，但並不代表就沒有壞人存在。這些壞人並不會在自己的臉上寫上「我是壞人」，因此光看外表，妳並無法分辨一個人的好壞。

　　或許他們平日裡，都是衣冠楚楚，一表人才，看似無害，但事實上，他們很可能會做出十分醜齪的事情。因此，妳在日常生活中雖然不能懷著害人的心思，但一定要時刻記得，保護自己的人身安全。不要因為對方對自己的一點點好，就對人卸下心防，最後害了自己。

　　妳的這個網友，或許很有錢，對妳也不錯，但這都掩蓋不了他真實的面目。關於這點，只要從他最後提出要妳陪他一夜的事情上，就能夠看出來。

　　妳知道他要妳陪他一夜，是要做什麼嗎？妳又是否知道，他所謂的給妳錢，是要買妳的什麼嗎？我想，這其中的玄機，妳必須仔細瞭解一番。

　　有一些孩子，也和妳一樣，因為自己有些煩悶的事情，所以就在網路

上和自己的網友大吐苦水。而網路是一個虛擬的世界，在那裡，妳見不到對方，對方同樣也見不到妳，就像妳自己說的，妳的這個網友明明和妳說他與妳同齡，結果呢？他比妳大了二十幾歲。因此，在網路上有很多的話讓我們無從分辨真假。

如果對方故意裝成知心的朋友接近妳，然後讓妳一點一點地掉進他的溫柔陷阱，最後兩個人約好見面，而妳又缺乏自我保護意識，就容易上了大灰狼的當。當妳反應過來的時候，可能已經受到了傷害。

而他開口要求妳陪他一夜，我想應該不僅僅是陪他聊天吧，如果他真的把妳帶到什麼地方，做出傷害妳的事情，妳要怎麼辦？

還有一些女孩，不看重自己的貞潔名譽，出於種種原因，將自己的第一次賣給了別人。這樣做的後果是讓自己的心靈留下陰影，對生活造成很大的影響。

## 小小提醒

小丫頭，姐姐在這裡奉勸妳，千萬不要為了金錢而答應這位網友的要求，最後做出傻事。

遇到了問題，就應該及時和父母老師溝通，尤其是在面對誘惑的時候，要衡量利弊，不能盲目做出傷害自己的事情，更不要毫無防備地相信人。

如果對方威脅妳，妳一定要及時向他人尋求幫助，切勿乖乖就範。這樣只會給妳帶來更大的傷害。

另外，以後妳再出現心情煩悶的情況，妳也可以多和身邊的好朋友訴說，平時多出去走走，參加一些體育活動。豐富的課外生活，會讓妳逐漸遠離網路謊言，擁有更多彩的人生。

# 偶像身上的那件衣服真好看，
## 我也想買

? 【我的困惑】

　　最近正在播的一部電視劇裡面有我比較喜歡的一位明星。她在電視劇裡穿的一件衣服真好看啊，我也想買。上網的時候，我在網店裡查詢了一下同款的衣服，發現那件衣服好貴啊。

　　我想和爸媽要錢去買那件衣服，可是他們一定不會同意的。我身邊有同學穿那件衣服，真的好漂亮。我該不該也買呢？我究竟該怎麼辦？

**→【敞開心扉】**

有些在購物網站上或電視上看起來非常好看的衣服，讓我們產生了購買的衝動，但當我們真的買回來，穿到自己身上的時候，才發現跟自己想像的樣子差好多。

那些衣服只有穿在別人身上，才那樣好看。當穿在我們身上的時候，哈哈，結果不用說，簡直難看死了！

當然，也不排除妳的身材很好，是天生的衣服架子，無論穿什麼衣服都很好看。但即使是這樣，妳也要考慮一下，這件衣服買回來之後，真的適合妳嗎？

妳也說了，這件衣服十分昂貴，而妳現在還是一名學生。吃穿用度，都是從父母那裡來的。他們辛辛苦苦地工作賺錢，供妳吃穿，從來都不會讓妳缺少衣服、食物。但妳卻因為追星，就去花大錢買東西，這樣做會不會讓父母傷心呢？而且，現在的妳自控能力比較差，很難管束自己。一天只想著追星，就很難有正常的生活。

不久之前，我曾經在電視上看到一則消息，一個小女孩，喜歡一個偶像，最開始的時候，她只是收集一些與這位明星有關的資訊，後來開始買與這位明星相關的東西，包括她在電視劇中所穿的衣服，所用的包包。即使這些東西很貴，她也絲毫不在乎。她寧可跟身邊的人借錢，也要參加這位明星的見面會。

久而久之，她原本正常平靜的生活不見了。每天只想著明星，以及與她有關的事情，學習成績下降不說，還因此失去了原本的好朋友……作為一名學生，此時的妳最應該做的，不是和同學比吃、比穿，也不應該花費

很大的精力去追星，而是應該認真學習。

有些青少年，為了追星，不好好吃飯，不好好睡覺，整天幻想著見到自己喜歡的明星，能穿和他們一樣的衣服，一同出現在一個場所。為了追星，他們可以省吃儉用去參加一場演唱會。最後不僅影響了自己的身心健康，還給家庭帶來了一定的傷害。

其實，喜歡明星是很正常的事情，追星也並不是完全被禁止的，但追星不能盲目，要量力而行。

## 小小提醒

喜歡和崇拜明星，是學生中普遍存在的現象。追星可以，但一定要記得，應該避免盲目追星。要做到這一點，首先應該對自己有信心，不一味地模仿他們。

如果崇拜他們，就只去崇拜他們為了成功所付出的努力與艱辛，還有他們在面對困難的時候，所表現出來的不屈精神。不要只看到他們在台上所得到的光榮與掌聲，而忽略了他們曾經的努力。而且，如果妳只知道盲目崇拜，就很有可能會扼殺掉自己的才華，做什麼事情只知道詢問別人，變得沒有主見。

# 小説還沒看完，上課我要繼續看！

## ? 【我的困惑】

前不久同學拿來一本雜誌，我看過之後非常喜歡那裡面的愛情故事，之後我自己又買了幾本，有些時候我還會用手機下載小説，裡面的愛情故事真的很好看。今天這本我還沒有看到大結局，上課了我想繼續看。怎麼辦？我是不是著魔了？

## → 【敞開心扉】

我想，這種情況一定有很多人都曾遇到過。我在讀書的時候，也經常

會背著老師，在上課的時候偷偷看故事書，而且一看就是一節課，後果可想而知，成績下降自不必說，還被老師處罰。有了前車之鑑，妳下一次再想上課看課外書，是不是就應該好好斟酌一番了？

小丫頭，妳會出現這樣的情況，一方面是因為言情小說寫得確實非常精采，以致於讓妳愛不釋手。妳想想，如果一本書一點意思都沒有的話，妳還會每天追著看嗎？一定不會的，對吧。

而另一方面，則是因為如今的妳對愛情充滿期待。正處於青春期的妳，剛對性有了一點點瞭解，對愛情也產生了憧憬。此時的妳，剛脫去了孩提時的稚嫩，正一步步走向成熟，在這個時期，妳開始幻想自己能成為童話中的公主，被人呵護，被人疼愛。

然而，現實終是現實，妳還不到遇見理想愛情的年齡，因此，只能在小說中尋找慰藉。看著小說裡的女主角，幻想著那就是自己，感受著王子般人物的疼愛與呵護，享受著甜蜜的愛情，忘卻一切煩惱。

當然，如果小說中的情節十分精采，男女主角的經歷一波三折更好。因為當妳哭得稀里嘩啦的時候，這本書所帶給妳的滿足感就會更高，故事似乎一下就變成了現實。這也是會讓妳越發喜歡言情小說的原因。

可以說，言情小說是能夠給女孩們帶來最大心靈滿足的，也正因為女孩們的這些幻想與憧憬，才讓言情小說有一定的市場。

不過，小說雖然好，但絕對不能沉迷其中，畢竟故事中的美好都是作者編造出來的。如果妳每天只想著小說，上課也不認真聽講，耽誤了學業，那就得不償失了。

作為一個好孩子，絕對不能因為沉迷於小說，而放棄學習哦。

## 小小提醒

　　雖然不能沉迷於言情小說，但也不是不可以看課外書，只是要選對看書時間。

　　作為學生，上課的時候就要努力學習，認真聽講。放學回到家之後，做好了作業，還是可以看一些好看的課外書的，尤其是國外的名著。這樣不僅能夠豐富自己的課餘時間，還能讓自己得到充實，增長知識。

　　好的書籍能夠讓人懂得更多，讓人成長，給予人正能量，因此選對書籍很重要。

# 網路上的激情影片，
# 我可以看嗎？

**？【我的困惑】**

昨天下課的時候，我看到幾個男生在悄悄地說些什麼，坐在他們後面的一個女同學，臉色緋紅，十分不好意思地站起身走出了教室。

我心裡十分好奇，放學之後，我過去詢問那個女生，結果她說，那些男生好壞，竟然在討論網路上的激情影片。網上的那些黃色影片我們可以看嗎？男孩為什麼喜歡討論那些事情？

➡ 【敞開心扉】

這個問題要怎麼說呢？小丫頭，妳的好奇心還真是重啊！

剛剛進入青春期的你們，性意識才剛剛萌芽，對異性產生好奇是非常正常的，因此男孩們會喜歡討論這些，也不是不能理解。不過，這可不等於你們就能看這種東西。畢竟這些東西都是不「健康」的，會對你們的學習生活帶來很大的影響。

不可否認的是，透過看激情片段，男孩和女孩都能夠瞭解到一些性知識，比如說，男生會對女孩的身體構造有一個瞭解，而女孩也同樣對男性的身體有了一個大概的掌握，而且也明白了「性」究竟是怎麼回事。

但是，這些知識性的內容卻不是這類片子所主要宣傳的。它們所傳達的是生理上的刺激感，甚至有些時候，為了滿足一些性變態的心理，還會故意劇情誇張化。這些就不是妳們能夠理解的內容了，當然也是非常不健康的。

現在的妳們還未發育完全，無法清楚地判斷好壞，看過這些東西之後，很容易被片中的內容影響。所以，雖然從這些激情影片中可以學到有關性的知識，但負面影響卻遠遠大於正面。因此應該透過正確的管道瞭解性知識。

如果以後再在網上看到了類似的影片要及時關閉，不能因為好奇而去看，另外如果身邊有人談論這些話題，妳也要趕緊離得遠一點。如果想要瞭解性知識，可以看一些正規出版社出版的有關青春期教育的書籍。

總之，絕對不能因為好奇而去看這類東西，知道嗎？

小小提醒

　　正確地學習性知識，可以讓妳們明白如何更好地保護自己，尊重他人。同時也能在一定程度上降低青少年的違法犯罪率，尤其是和性有關的犯罪率。如今，社會上很多與青少年有關的犯罪，都是因為缺乏性知識導致的。

　　學了這些之後，才能時刻謹記用道德準則來約束自己，不讓自己走上違法犯罪的道路。

# 酒醉之後，我做了很奇怪的事情

❓ 【我的困惑】

昨天是班上一位男同學的生日，平日裡我一直偷偷喜歡他，但我始終不敢向他表白。

最近聽說他有女朋友了，我心裡很難過，所以昨天在聚會上，我喝了很多酒，以致於後來發生了什麼事情我都已經不記得了。

今天上學時，同學們紛紛問我昨天究竟是怎麼回事，為什麼會做那樣奇怪的事情。我一頭霧水，同學們說，我不僅向他表白了，而且還拉著他的手臂，一直哭著說要他答應……

這也太丟臉了！究竟怎麼回事？為什麼我一點都不記得了？

# THE THINGS GIRLS FEEL SHY TO ASK

**【敞開心扉】**

小丫頭，如果我沒猜錯的話，妳前一天晚上，一定是喝酒喝得太多，以致出現醉酒，也就是「酒精中毒」，所以才忘記了很多事情。

另外，今天早上起來的時候，妳的胃是不是很難受，而且頭還昏昏沉沉的？其實，尚處在青春期的妳們，在這個時候是不適合大量飲酒的。因為喝酒和抽菸一樣，都會對身體產生危害。

酒的化學成分是乙醇，乙醇會對妳的肝臟造成很大的傷害，而肝臟是人體最重要的解毒器官，一旦因為大量飲酒而受到損傷，那麼以後就很可能會出現肝硬化或者肝癌。另外，大量飲酒還會損傷大腦，致使妳的記憶力下降，判斷力受到一定的影響。

事實上，大量飲酒的傷害，還遠遠不止這些。妳現在出現的情況，便是因為大量飲酒，導致的一個比較危險的情況。妳的大腦出現了意識混亂，甚至出現了失憶的情況。

要知道，在喝醉的時候，妳的大腦是不清醒的，一旦發生了什麼事情，後果非常嚴重。我想妳前一天晚上，情緒失控下所做的事情，一定讓妳的這位心儀的男同學，對妳「刮目相看」了。現在的妳，一定懊惱極了吧？

先別傷心了，小丫頭。現在的妳，最應該做的事情，就是靜下心來，好好反省一下自己，一個小女孩，是否該在這樣的場合喝醉酒。

不知道妳是否看過相關的新聞，很多小女孩，自己不注意保護自己，在酒吧裡喝多躺在沙發上睡著了，結果遇到壞人，丟了貞操。還有一些女孩，則是在酒精的刺激下，主動去挑逗自己喜歡的男性，結果與對方發生了性行為。等到酒醒之後才意識到自己所做下的荒唐事。即使後悔，也無

法讓時光倒流，最後受傷害的，只能是自己。

　　所以小丫頭，妳現在應該感到慶幸，妳只是做了一些比較丟臉的事情。我想，妳現在可以去那位男同學的面前跟他道歉，將事情說明白，他應該會原諒妳的。即使以後不能做男女朋友，還是可以做好朋友的嘛。

## 小小提醒

　　在同學聚會的時候，大家總會喝酒，不過即使是這樣的情況下，也應該記住不要大量飲酒，要點到為止，盡到心意就好。

　　在日常生活中，我們經常能夠看到很多人聚在一起，一邊抽菸，一邊喝酒。但事實上，這樣做的後果是，讓抽菸和喝酒對身體的傷害變得更大了。這並不是 1+1=2，而是 1+1>2。之所以會出現這樣的情況，是因為香菸裡的尼古丁會溶解在酒精裡，也就是說，此時進入身體中的有害物質尼古丁，要比單純抽菸時的更多，所以對身體的傷害也更大。

樂活

9

女孩不好意思問的事

編　　　著　　高蕊
出　版　者　　大拓文化事業有限公司
執行編輯　　賴美君
封面設計　　林鈺恆
內文排版　　姚恩涵

法律顧問　　方圓法律事務所　凃成樞律師

總　經　銷　　永續圖書有限公司
劃撥帳號　　18669219
地　　　址　　22103 新北市汐止區大同路三段一九十四號九樓之一
　　　　　　　TEL (○二)八六四七─三六六三
　　　　　　　FAX (○二)八六四七─三六六○
　　　　　　　E-mail yungjiuh@ms45.hinet.net
　　　　　　　網　址　www.foreverbooks.com.tw

出　版　日◇　二○二一年九月
Printed in Taiwan, 2021 All Rights Reserved
版權所有，任何形式之翻印，均屬侵權行為

國家圖書館出版品預行編目資料

女孩不好意思問的事 / 高蕊編著. -- 二版.
　-- 新北市：大拓文化事業有限公司, 民110.09
　面；　公分. -- (樂活；9)
　ISBN 978-986-411-145-9(平裝)
　1.青春期 2.性教育 3.青少年心理
397.13　　　　　　　　　　　　　110013315

謝謝您購買 **女孩不好意思問的事** 這本書！

即日起，詳細填寫本卡各欄，對折免貼郵票寄回，我們每月將抽出一百名回函讀者寄出精美禮物，並享有生日當月購書優惠！

想知道更多更即時的消息，歡迎加入 "永續圖書粉絲團"

您也可以利用以下傳真或是掃描圖檔寄回本公司信箱，謝謝。

傳真電話：（02）8647-3660　　　　　　信箱：yungjiuh@ms45.hinet.net

☺ 姓名：　　　　　　　　　□男　□女　　　□單身　□已婚

☺ 生日：　　　　　　　　　□非會員　　　□已是會員

☺ E-Mail：　　　　　　　　電話：（　）

☺ 地址：

☺ 學歷：□高中及以下　□專科或大學　□研究所以上　□其他

☺ 職業：□學生　□資訊　□製造　□行銷　□服務　□金融
　　　　　□傳播　□公教　□軍警　□自由　□家管　□其他

☺ 您購買此書的原因：□書名　□作者　□內容　□封面　□其他

☺ 您購買此書地點：　　　　　　　　　　金額：

◎ 建議改進：□內容　□封面　□版面設計　□其他

　　　您的建議：

剪下後傳真、掃描或寄回至「22103新北市汐止區大同路三段194號9樓之1大拓文化收」

大拓文化事業有限公司收

新北市汐止區大同路三段一九四號九樓之一

請沿此虛線對折免貼郵票，以膠帶黏貼後寄回，謝謝！

想知道大拓文化的文字有何種魔力嗎？

■ 請至鄰近各大書店洽詢選購。

■ 永續圖書網，24小時訂購服務
www.foreverbooks.com.tw
免費加入會員，享有優惠折扣

■ 郵政劃撥訂購：
服務專線：(02)8647-3663
郵政劃撥帳號：18669219